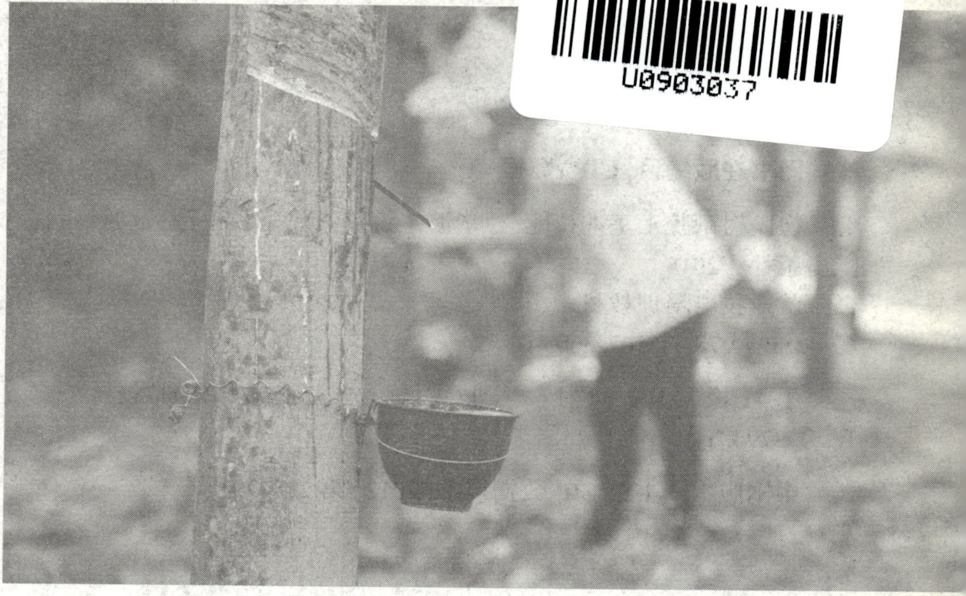

橡胶树割胶工基本技能

就业技能培训教材

人力资源社会保障部职业培训规划教材
人力资源社会保障部教材办公室评审通过

主编　杜华波

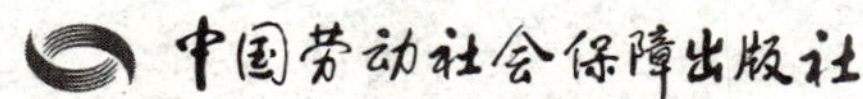

图书在版编目(CIP)数据

橡胶树割胶工基本技能/杜华波主编. -- 北京：中国劳动社会保障出版社，2018

就业技能培训教材

ISBN 978-7-5167-3605-0

Ⅰ. ①橡…　Ⅱ. ①杜…　Ⅲ. ①橡胶树-割胶-技术培训-教材　Ⅳ. ①S794. 1

中国版本图书馆 CIP 数据核字(2018)第 228179 号

中国劳动社会保障出版社出版发行

(北京市惠新东街 1 号　邮政编码：100029)

*

北京市艺辉印刷有限公司印刷装订　新华书店经销

880 毫米×1230 毫米　32 开本　3. 5 印张　57 千字

2018 年 11 月第 1 版　　2021 年 10 月第 4 次印刷

定价：10. 00 元

读者服务部电话：(010) 64929211/84209101/64921644

营销中心电话：(010) 64962347

出版社网址：http://www.class.com.cn

前　言

国务院《关于推行终身职业技能培训制度的意见》提出，要围绕就业创业重点群体，广泛开展就业技能培训。为促进就业技能培训规范化发展，提升培训的针对性和有效性，人力资源社会保障部教材办公室对原职业技能短期培训教材进行了优化升级，组织编写了就业技能培训系列教材。本套教材，以相应职业（工种）的国家职业技能标准和岗位要求为依据，并力求体现以下特点：

全。教材覆盖各类就业技能培训，涉及职业素质类，农业技能类，生产、运输业技能类，服务业技能类，其他技能类五大类。

精。教材中只讲述必要的知识和技能，强调实用和够用，将最有效的就业技能传授给受培训者。

易。内容通俗，图文并茂，引入二维码技术提供增值服务，易于学习。

本套教材适合于各类就业技能培训。欢迎各单位和读者对教材中存在的不足之处提出宝贵意见和建议。

人力资源社会保障部教材办公室

内容简介

本书是橡胶树割胶工就业技能培训教材，首先介绍了橡胶树割胶工基本知识，包括职业认知和橡胶树生长规律、产胶、排胶等割胶基础知识；然后介绍割胶操作核心技能，包括割胶规划及割胶准备工作、磨胶刀技术、割胶操作技术、乙烯利刺激剂的使用、收胶作业以及新割胶技术的利用；为进行科学割胶生产，最后介绍了开割橡胶树养护管理，包括养树割胶、橡胶树土壤及植被管理、常见病虫害防治、橡胶树越冬割面处理、橡胶树死皮病防治、受害橡胶树复割。

为帮助读者更好地掌握割胶技能，扫描封底的二维码可免费查看本书相关高清图片。

本书由云南农业大学杜华波主编，李学俊、何素明、张虎雄参编。本书在编写过程中得到了云南省普洱市人力资源和社会保障局的大力支持，在此表示衷心的感谢。

目　录

第 1 单元　橡胶树割胶工职业认知 …………………………（ 1 ）

第 2 单元　割胶基础知识 ……………………………………（ 5 ）

模块一　橡胶树生长基本规律 …………………………………（ 5 ）

模块二　橡胶树产胶、排胶基本知识 …………………………（ 12 ）

第 3 单元　割胶操作技能 ……………………………………（ 25 ）

模块一　割胶规划及割胶准备工作 ……………………………（ 25 ）

模块二　磨胶刀技术 ……………………………………………（ 34 ）

模块三　割胶操作技术 …………………………………………（ 41 ）

模块四　乙烯利刺激剂的使用 …………………………………（ 53 ）

模块五　收胶作业 ………………………………………………（ 55 ）

模块六　新割胶技术的利用 ……………………………………（ 59 ）

第 4 单元　开割橡胶树养护管理 ……………………………（ 65 ）

模块一　养树割胶 ………………………………………………（ 65 ）

模块二　橡胶树土壤及植被管理 …………………………（75）
模块三　橡胶树常见病虫害防治 …………………………（79）
模块四　橡胶树越冬割面处理 ……………………………（85）
模块五　橡胶树死皮病防治 ………………………………（89）
模块六　受害橡胶树复割 …………………………………（91）

培训大纲建议 ………………………………………………（102）

第 1 单元

橡胶树割胶工职业认知

橡胶产业是事关国家战略安全的产业，而割胶生产是天然橡胶获取经济效益的直接手段。橡胶树种植 6~10 年后才能投产，其经济寿命（割胶期）可达 30~40 年。割胶生产的劳动投入占整个天然橡胶生产投入的 70%左右。因此，割胶生产是天然橡胶生产中最重要的环节之一。同时，与其他一次性收获的经济作物不同，割胶生产需要较高的手工操作技术，割胶制度和割胶技术的优劣不仅影响橡胶树当年的产量，还会影响以后的产量。

目前，我国约有 100 万橡胶树割胶工，他们是支撑橡胶产业健康发展的基石。大力培养割胶技能人才，激励和带动广大割胶工学习新技术、提高劳动生产效率，打造一支技术过硬、心理素质稳定的人才队伍，不仅能够提高割胶工的工资待遇和社会地位，更能够对我国橡胶产业的健康、可持续发展起到促进作用。

一、基本要求

割胶工应具有较强的观察判断能力和一定的分析、理解、运算和表达能力，手脚灵活，动作协调，视力正常。通过学习、实践能掌握橡胶树割胶的基本技能。

二、职业守则

割胶工应遵守以下职业守则：

（1）遵纪守法，讲文明，讲礼貌，维护社会公德。

（2）严格按照割胶技术规程进行操作。

（3）爱岗敬业，吃苦耐劳。

三、安全要求

割胶工应遵守以下安全要求：

1. 橡胶林安全

（1）巡护胶林，对进入橡胶林区的人员进行防火教育和检查。

（2）管理好野外用火，监督防火安全措施的落实。

（3）观察火情，及时报告和组织扑救，参加调查森林火灾的损失，协助查处火灾案件。

2. 自身安全保护

（1）夜间割胶交通安全。

（2）胶刀使用安全。

（3）注意保护视力。

四、相关法律、法规学习要求

割胶工应遵守以下法律、法规要求：

（1）劳动法相关知识。

（2）农业相关法律、法规知识。

五、工作要求

割胶工应达到以下岗位要求（见表 1—1）：

表 1—1　割胶工岗位要求

职业功能	工作内容	技能要求	相关知识
一、割胶准备	（一）割胶工具准备	1. 能磨胶刀 2. 能制作胶杯架 3. 能安装胶杯架、胶舌、胶杯	1. 磨刀技术基本知识 2. 盛胶器具安装基本知识
	（二）开割树准备	1. 能划分相邻树位明显分界线 2. 能将割胶树编号	树位编号基本知识

续表

职业功能	工作内容	技能要求	相关知识
二、割胶与收胶	（一）割胶作业	1. 能持刀、行步、下刀、行刀、收刀 2. 能控制割胶深度、割线斜度和每刀的耗皮量 3. 能识别橡胶树死皮 4. 能涂封割面	1. 割胶操作基本知识 2. 橡胶树树皮结构基本知识 3. 割胶生产技术指标基本知识
	（二）收胶作业	1. 能收胶乳、长流胶和杂胶 2. 能实施胶乳早期保存 3. 能进行“六清洁”（指胶杯、胶刮、胶桶、胶舌、树身、树头的清洁）	1. 胶乳早期保存方法 2. 收胶技能的基本知识
三、刺激剂使用	（一）材料准备	1. 能选用合适容器盛装乙烯利 2. 能选择涂施工具	乙烯利使用基本知识
	（二）涂施刺激剂	1. 能选择涂施乙烯利制剂的方法 2. 能选择在橡胶树上涂施乙烯利的部位 3. 能均匀涂施乙烯利制剂	乙烯利涂施技术基本知识
四、开割橡胶园管理	（一）树身管理	1. 能使用相关工具协助高一级人员处理风害、寒害树 2. 能使用相关器具协助防治病虫害	1. 橡胶树风害、寒害处理常见技术基本知识 2. 橡胶树防病常见技术基本知识
	（二）土壤管理	1. 能完成橡胶园人工除草 2. 能挖肥穴、压青和施化肥 3. 能进行“三保一护”（保水、保土、保肥和护根） 4. 能维护橡胶园道路	1. 橡胶园人工除草基本知识 2. 橡胶园施肥基本知识 3. 橡胶园水土保持基本知识 4. 橡胶园道路维护基本知识

第2单元 割胶基础知识

模块一　橡胶树生长基本规律

一、橡胶树一生中的变化

橡胶树在一生的生长过程中，生长、发育、产胶、抗逆力会发生一系列的变化，表现出明显的阶段性。根据其生长发育、栽培和产胶特点，大体可划分为以下几个阶段：

1. 苗期

苗期是从种子（或芽片）发芽到开始分枝的一段时期，约一年半到两年时间（见图 2—1）。其主要特点是：幼苗抵抗不良环境条件的能力差，容易受到外界环境条件的影响，易遭风、病、虫、兽、畜和杂草危害；早期生长缓慢，后期生长较快，主根和茎高生长特别旺盛，每年可抽 5~7 蓬叶，长高 2~3 m。苗期主要的农业措施是在定植大田后，应当精心管理，种植绿肥，间作经济作物；加强植胶带面覆盖，促使苗木速生快长；注意防御各种自然灾害，如防风、防寒、防涝等，同时要防御兽畜危害，特别是做好防牛工作。对林段的缺株、病弱小株及时进行补换植，保证全苗；并注意修枝抹芽，促使接芽旺盛生长和骨干根系的形成并使其向较深土层发展。

图 2—1　苗期橡胶树

2. 幼树期

幼树期是从开始分枝到开割前的一段时期，约 5~7 年时间。在此阶段，其特点是：根系的扩展和树冠的形成都很快，茎粗生长特别旺盛，抵抗不良环境条件的能力也比苗期有很大的增强。幼树期的农业措施是：控制植胶带上的杂草、灌木与橡胶树竞争养分，在保护带上种植绿肥等覆盖作物，加强植胶带、保护带带面覆盖，加强水、肥管理和进行深翻改土、压清施肥工作；注意防御风、寒和各种兽害，以促进生长、保苗，缩短非生产期，争取早日开割。同时，可间种经济作物，发展立体农业，种、养结合，以短养长，提高橡胶园的经济效益。

3. 初产期

初产期是从开割到产量趋于稳定的一段时期，约 3~5 年。本阶段的特点是：由于割胶影响，茎粗生长显著受到抑制；产胶量逐年上升；开花结果逐年增多；自然疏枝现象开始出现。由于树冠郁闭度较大，风害、叶病、割面病、根病、烂脚（茎基部寒害）等的危害也日趋严重。初产期的农业措施是：除了加强水肥管理，进行修枝整形，以保持橡胶树的旺盛生势和比较抗风的树形外，特别要注意提高产量和做好病害及风寒害的预防工作。开割头两年，割胶强度宜小，以缓和割胶和生长的矛盾。

4. 旺产期

芽接树 10~12 龄起，至产量明显下降时止为旺产期，约 20~25 年时间。这时茎粗生长缓慢，抽叶减少，一般每年只抽 2~3 蓬叶，自然疏枝的现象普遍发生，树冠郁闭度减少。一般开割 3~5 年后即进入旺产期，至割完第二割面时是一生中最旺产的时期，割第三割面时有的品种可以保持旺产，有的则开始略微下降，此后一般都有下降趋势。旺产期的农业措施是：除加强水肥管理，继续进行修枝整形外，尤其要注意做好防病、防风、防寒工作，并注意“三保一护”（保水、保土、保肥和护根），保持水土和压清施肥，以保持和培养地力。旺产期还可适当提高割胶强度或使用刺激剂，以提高胶乳产量。

5. 降产衰老期

降产衰老期是从开割后30龄起至橡胶树失去经济价值为止的一段时间。其长短因割胶制度、品种、气候、土壤条件以及管理水平等有很大差异。这时期的橡胶树，茎高及茎粗生长均相当缓慢，树皮的再生力也差。这一时期，割胶产量明显下降，可在上部树干和粗大的分枝上进行多线割胶，如管理得当，还可获得一定的产量。降产衰老期的农业措施是：保持水土，维护和提高土壤肥力，注意防病工作，并在更新前进行强度割胶，以获得较高的产量。对已失去经济价值的橡胶树进行更新。

二、橡胶树一年中的变化

橡胶树随着每年四季气候的变化，有节奏地进行萌芽、分枝、开花结果等生长发育活动。这种年年重复，受四季气候条件影响的橡胶树年周期变化，称为橡胶树的物候期。橡胶树的年周期变化可分为两个明显的时期：生长期和相对休眠期。生长期自春季萌芽开始至冬季落叶时止，相对休眠期自冬季落叶时起至春季萌芽时止。生长期与相对休眠期的长短，因地区条件和品种而异，同一地区的同一品种，也因各个年份的气候条件不同而有所不同。

1. 根的生长变化

橡胶树根系在一年中的活动，随着季节的变化呈现规律性的变化。通常在高温多雨季节生长较快，在低温干旱季节生长缓慢。

2. 茎粗的周年生长变化

橡胶树茎粗的生长在一年中有明显的规律性。不同季节、不同月份的茎粗生长速度是不同的。其差异主要是受当地水热条件变化的影响，水热条件最适宜的时候，也是茎粗生长最快的时候。其次受到抚管水平的影响，橡胶园抚管水平较高，则茎粗生长较快；抚管水平较低，则茎粗生长较慢。比如云南植胶区 12 月至次年 2 月为低温旱季，3—4 月为高温干旱季，加上 3—4 月橡胶树大量抽生第一蓬叶，茎粗增长基本停止，因此，每年前 4 个月橡胶树茎粗生长缓慢。而下半年进入雨季后，水热条件比较适宜，生长显著加快，其生长量占年生长量的 65%～75%；至 9—10 月，生长达到高峰，之后温度逐渐下降，雨量减少，橡胶树进入冬期，生长又复变慢。橡胶树形成生长期与相对休眠期，正是橡胶树对年周期内雨季与旱季相适应的具体体现。生长期与相对休眠期的长短，因生存环境、品种、气候条件而异；在气候条件中，旱季长短与干旱程度明显影响着茎粗的生长。一般来说，干旱季节，降水量少，蒸腾量大，明显抑制了橡胶树的生长。因此，应根据橡胶树茎粗的生长规律采取对策，制定不同季节的栽培措施，抓紧生长旺季，争取最大的生长量。

3. 叶的生长变化

橡胶树叶蓬的生长有明显的节奏性。每蓬叶从萌动至叶片完全稳定，依次经过抽芽期、展叶期（古铜期）、变色期（淡绿期）、稳定期 4 个阶段。展叶期和变色期两个阶段，由于组织幼嫩，角质层尚未形成，易感染白粉病和炭疽病。变色期还影响芽接成活。

叶片质量随着不同物候期而发生变化，处于不同物候期的叶片干重、叶绿素含量都不同，直至稳定后 15~20 天仍处在不断增加和充实之中。因此，所谓稳定期只是指顶芽处于相对的静止状态，并不意味叶片停止生长。叶片的生理机能也随着不同物候期而变化。叶片在古铜期之前是不能进行光合作用的，只是消耗能源。从变色期开始，光合作用不断增强，而呼吸作用则一直较强，至稳定期 15~20 天之后，才下降到正常水平。

一年中，叶的总量随着时间的推移而增多。未分枝幼苗，以年中抽生的叶量最多，年初年末的抽叶量较少。成龄树第一蓬叶的抽叶量约占全年总抽叶量的 60%~70%，第一蓬叶生长的好坏与当年产胶量有密切的关系，因此保护第一蓬叶很重要。如果第一蓬叶遭受白粉病、炭疽病或寒潮危害，抽叶量较少，即使第二蓬叶相对略有增加，但总抽叶量仍难以达到正常水平，以致影响到当年的产胶量。

橡胶树的抽叶量主要在每年 11 月之前。11 月以后雨量骤然减少，温度渐降，一般不再抽生新的叶蓬。而且 12 月以后，先抽的叶片，由于水热条件不能满足，逐渐变黄、脱落，直至全部脱落。一般来说，橡胶树从 11 月开始落叶，大量落叶集中在 2—4 月干旱季节的干热时段，其落叶量占全年落叶量的 73. 87%。

叶片的生长变化对橡胶树的生长和产胶量有明显的影响。在叶片的不同物候期中，顶芽萌动至稳定阶段，茎粗生长较快，尤以萌动至古铜期生长最快。顶芽稳定后至下蓬叶萌动前，为顶芽相对静止期，此时顶芽生长较缓慢。顶蓬叶对苗木的高生长影响较大，同一叶蓬中，下部 1/3 的叶对苗木的粗生长影响较大。

4. 产胶量的变化

橡胶树的产胶量在一年中的变化，主要受气候条件和物候状况的影响，如清晨割胶时的林间气温是影响产胶量的主要因素。此外，橡胶树在开花、抽叶期产胶能力较低，叶蓬生长稳定 15 ~ 20 天后产胶能力较高。橡胶树产胶量的变化，各年份不完全相同，各地水热条件影响也有差异。需根据橡胶树的产量变化规律，实行“三看”割胶（即看季节物候、看天气、看树情）。要用产胶动态分析指导割胶，在不同的季节采取不同的割胶强度，保护和提高产胶能力，使橡胶树高产稳产，延长橡胶树的经济寿命期。

模块二　橡胶树产胶、排胶基本知识

一、橡胶树产胶组织

胶乳在乳管中合成和储存，乳管系统是橡胶树的产胶组织。乳管分布在橡胶树根、茎、叶、花、果和种子各器官中，而割胶主要是在茎干的树皮上进行的，因此，茎干树皮成为橡胶树的主要经济器官，与割胶生产关系最密切，决定着橡胶树产胶能力的高低及其经济寿命的长短。

1. 树皮的组成及层次

橡胶树的树皮由周皮、韧皮部和形成层等部分组成，根据实践经验，通常将树皮划分成几个肉眼可以辨认的层次，作为掌握割胶深度的标准。从外到内分别称为粗皮、砂皮、黄皮、水囊皮和形成层（见图2—2）。

（1）粗皮。主要成分是木栓层。木栓层由许多排列紧密的木栓化细胞组成，具有不透水不透气的特性，对树皮内部起保护作用。木栓层的细胞是死的，木栓层的里面，是活的单层木栓形成层和多

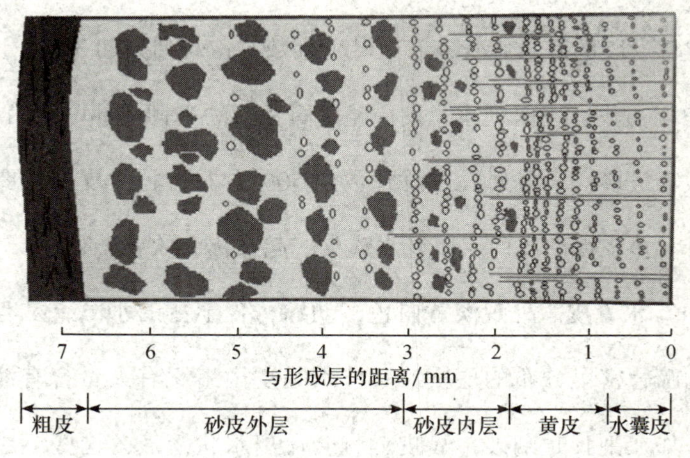

图 2—2　橡胶树树皮结构

层栓内层细胞；在植物学上，木栓层、木栓形成层和栓内层三者合起来称为周皮。在橡胶树茎干的原生皮中，栓内层较薄，含有叶绿体，呈绿色。在橡胶树茎干的再生皮中，栓内层较厚，含有花青苷，因此带红色。

（2）砂皮。在粗皮内缘，外观黄褐色，摸之有砂粒感。砂皮约占韧皮部的 70%，其特点是有许多如砂粒状的石细胞。石细胞是细胞壁很厚而具木质化的死细胞，通常聚集成堆。砂皮外层中石细胞堆特别多，皮质较硬。因而，砂皮外层和粗皮一起又叫硬皮。砂皮外层的乳管已经衰老，且因大量石细胞的发育而将其挤压得支离破碎，使其几乎丧失或完全失去产胶能力，这部分乳管被称为无效乳管。砂皮内层的石细胞较少，乳管数量较砂皮外层多，而且多数是能够正常产胶的有效乳管，有效乳管列数约占总列数的30%。

（3）黄皮。肉眼观察，皮质略带黄色，约占韧皮部厚度的20%，其中乳管最多，乳管列数占总列数的50%左右，是树皮中主要产胶的部分。黄皮与砂皮内层以及水囊皮一起又称为软皮。

（4）水囊皮。外观淡黄白色，幼嫩，含丰富的水分，是有输导功能的筛管密集分布的层次。其特点是皮内组织有大量含有液体的筛管，如在割胶时割破水囊皮，就会流出水状溶液，这些溶液主要就是筛管的溢泌物。这一皮层的主要功能是输导营养物质，在植物学上，被称为有输导功能的韧皮部。在割橡胶树时，水囊皮的厚度通常不超过1 mm，约占树皮厚度的10%，其中乳管列数占乳管总列数的20%，但较幼嫩，产胶功能不强。

（5）形成层。是位于树皮与木质部之间的一层薄壁细胞所组成。在横切面上，形成层和由其刚刚分裂产生的细胞呈很窄的长方形，紧密排列在一起。形成层只是一层细胞，但形态上不易与由其刚刚分裂形成的细胞区分开来。形成层具有分生能力，向内分生形成木质部，向外分生形成树皮（韧皮部）。

2. 乳管

树皮的各部分结构成分多少都与割胶有关，而其中关系最大的是乳管，乳管是由形成层分化出来的许多乳汁细胞（或称乳管母细胞）上下互相联系、并由连接处的细胞壁分解融合而成。乳管是产胶组织，是影响割胶和产量的最重要的结构成分。

（1）乳管的数量。一般乳管列数越多，产量越高。不同品种、不同茎围的乳管列数不同。因此，选用乳管列数多和生长迅速的优良品种及加强对橡胶树的施肥管理，能加快茎围增长，提高产量。

（2）乳管的排列。乳管在橡胶树树皮中与树干的中轴成 2°~7° 的夹角，从左下方向右上方螺旋上升。因此，割线方向从左上方斜向右下方（称为“左割”），这样能够割到更多的乳管，以获得较高的产量。

（3）乳管的分布。乳管在不同高度的树皮中，随着树干的升高而减少。实生树的树干，离地面越近，其茎围、树皮厚度越大且乳管列数越多，产量也越高。芽接树则因上下树围粗细相差较小，树皮厚度比较一致，乳管随高度的分布变化不大。另外，乳管在树皮横切面上的分布，在不同品种中也是有差别的。有的品种（例如 PR107）树皮中主要产胶的乳管列比较靠近形成层，因此，必须适当深割才能高产，但要注意切勿伤及形成层，否则会影响再生皮的恢复，并会使割面产生伤瘤。

（4）乳管的联系。乳管以树干中心轴为圆心呈同心环状排列。

同列（同层）乳管呈网状结构（见图 2—3）互相连通，不同列的乳管基本不连通。因此，割胶既不能太深以免伤树，又要割到适当深度才能达到产量。乳管之间联系的好或不好，也对产量具有一定影响。在割胶过程中，易产生吊颈皮（两段不同年龄的树皮相连，其交界线上方 15 cm 范围内为吊颈皮），吊颈皮内乳管的联系是不好的，会导致产量降低。因此，在割胶设计中，应尽量避免产生吊颈皮。

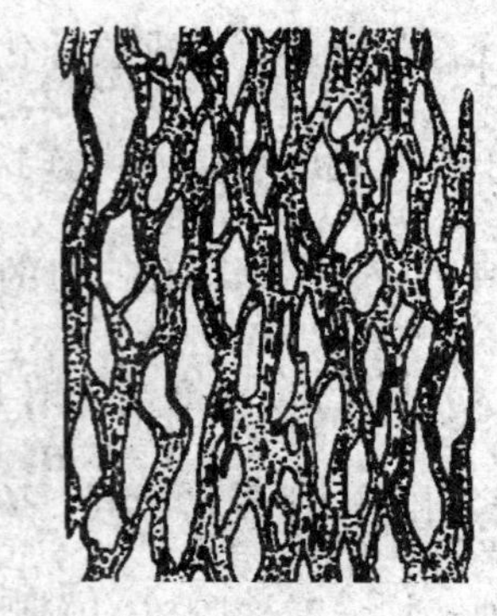

图 2—3　乳管列中乳管呈网状连通

3. 割胶对树皮结构的影响

在割胶过程中，橡胶树树皮结构往往会影响割胶的产量；反之，割胶也会影响树皮的结构，以致影响橡胶树的产胶和排胶。不合理的割胶方法容易引起乳管死亡。各种类型的死皮就是乳管死亡的结果。树皮发生死皮的部分，其乳管中的胶乳凝固，便不能继续产胶和排胶。

割胶通常会使割线附近的部分筛管遭到破坏。如对紧靠割线处与远离割线处的水囊皮厚度进行比较，则会发现紧靠割线处的水囊皮厚度较小，这就是由于水囊皮外层筛管受到破坏的结果。过去认为割胶不可避免地会切断筛管，但实际上筛管层（水囊皮）的厚度通常小于 1 mm，因而割胶时一般不会切断筛管。

割胶对形成层的影响表现在割胶后抑制茎围的增长。幼树开割后其生长与割胶的矛盾尤为突出，因此，必须正确处理这一矛盾，注意调节割胶强度。割胶伤树就是形成层被割而造成的伤害，结果易在树皮上形成伤瘤，影响以后再生皮的生长和割胶，也影响产量，因此，割胶应注意掌握适宜的深度，尽量避免伤树。

以上是割胶对橡胶树产胶不利的一面。然而割胶也有促进产胶的一面，即割胶不但可以促进乳管中胶乳的再生，而且还会促进乳管的再生。实验表明，已割橡胶树与未割橡胶树比较，它们的形成层细胞分裂产生的韧皮部细胞层数，并无显著差异，可是已割橡胶树韧皮部中有较多的细胞分化为乳管列，故已割橡胶树的乳管列就显著多于未割橡胶树。

二、影响橡胶树产胶及产量的因素

胶乳是乳管细胞生命活动的产物，也是橡胶树生命活动的产物。橡胶树叶进行光合作用产生的糖以及根系从土壤中吸收来的水分、无机养分，既是橡胶树根、茎、叶生长、开花、结果的原料，也是胶乳生成的原料。因此，在生长和产胶两方面的原料分配上是有竞争的。但另一方面，生长和产胶又是统一的，因为橡胶树生长得好，就会促进生长更多的乳管和胶乳。因此，产胶情况既受橡胶树内部因素（品种、生势、树情物候、乳管机能）制约，也受栽培措施（种植密度及形式、水肥管理）及环境条件（土壤状况、气候）影响。

1. 品种

不同品种的产胶能力有很大差异，高产橡胶树常具有三个生理特点，净同化率高、分配率适当、乳管堵塞指数低。因此，要因地制宜种植。

2. 生势

植株生势健旺，代谢能力强，茎粗皮好，乳管数量多、机能好，产胶能力就强；反之，产胶能力就弱。

3. 树龄

在橡胶树割胶经济寿命的几十年里，生长速度和产胶能力随树龄变化而发生变化。从开割到产量趋于稳定的一段时间称为初产期。实生树为 6~10 年，芽接树为 3~5 年。这一时期，生长和产胶的矛盾较激烈，产胶能力较弱。从产量基本稳定到产量下降时止约 20 年，称为旺产期。这一时期，生长减慢，生长和产胶的矛盾缓和，产胶能力较旺。大约 30 龄起至橡胶树失去经济价值为止的一段时间为降产衰老期。这一时期，生长相当缓慢，树皮再生能力差，产量明显下降。因此，要因树龄制宜地调节割胶强度和刺激措施。初产期割胶强度宜小些（更不宜不达标准提早开割）；旺产期割胶强度宜大些或刺激割胶；降产衰老期可用较强的割胶制度，刺激挖潜，同时要做好割面设计（做好树皮规划利用），以充分发挥割胶几十年的经济效益。

4. 季节物候

橡胶树生长和产胶随不同的季节物候而发生变化。因此，要按照橡胶树在不同季节物候期的生长和产胶能力的变化规律来安排产量计划、割胶策略、割胶措施，分析橡胶树产量以及干胶含量的动态变化，指导割胶生产。

5. 栽培技术

（1）种植密度和种植形式。关系到光能利用率和光合作用产量，从而影响树冠生长、茎围增长、树皮厚度、单株产量和亩产量。一般认为，合理密植和用宽行密株的形式有利于提高光能利用率，有利于橡胶树生长和产胶。

（2）水土保持措施。水是叶子进行光合作用最重要的原料之一，水在胶乳中所占的比例最大，橡胶树的生命活动过程都是以水为介质进行的。水土条件是作物生长的基础，水土保持与橡胶树的生长和产胶密切相关。因此，要因地制宜地做好橡胶园的水土保持措施。

（3）合理施肥。橡胶树根、茎、叶的生长需要各种养分；乳管的分化、胶乳的生成也需要各种养分。如氮是叶绿素（光合作用器官）的组分，是产胶和生长过程各种酶类（有活性蛋白质）的组分，是橡胶粒子保护层里蛋白质的组分；磷是产胶和生长过程中高能磷酸键的组分；钾能帮助淀粉、糖分的形成、转化、运输；镁是叶绿素的组分之一。因此，要根据情况适时适量施肥，平衡施肥（有机肥料与化学肥料相结合），进行叶片营养诊断对症施肥。

（4）病害防治。叶片的健康与否，关系到光合作用的进行，关系到生长和产胶原料的供应。因此，要及时防治白粉病、炭疽病。茎干割面部位的树皮是割胶的主要部位，因此，要注意防治死皮病、条溃疡病，以保持乳管健康产胶。根系是橡胶树生长和产胶的基础，根系从土壤中吸收的水分、矿质养分是生长和产胶所必需的。因此，要及时检查、发现、防治根病。

（5）减少养分消耗。橡胶树的下垂枝，光合作用差，却要消耗糖分；橡胶树上的寄生植物消耗掉部分生长和产胶原料。因此，要修剪下垂枝，清除寄生植物，以减少养分、水分消耗，利于产胶。

6. 环境条件

（1）土壤状况。橡胶树扎根在土壤里，从中吸收水分和矿质养分。土壤水、肥、气条件好，对生长和产胶就有利。

（2）温度。橡胶树的光合作用、呼吸作用、蒸腾作用、物质代谢、胶乳生成均与温度密切相关。

（3）地理位置。地理位置不同，其自然条件、水湿条件、热量条件均不同，因此，不同地区的橡胶树生长表现、产胶能力也不相同，故割胶措施也要因地区制宜。

7. 割胶或刺激方法

割胶或刺激，是人为地对橡胶树造成创伤，引起橡胶树产生创伤反应，使其新陈代谢活动受影响，使糖分、矿质养分、水分对生长和产胶的分配率发生变化，从而影响橡胶树生长和产胶。

割胶制度、割胶强度、割胶深度、割胶伤树程度、刺激强度不同，对橡胶树产胶能力的影响不同。不合理的割胶或刺激，容易引起树皮产胶组织畸形，导致乳管死亡。超深割胶、强度割胶或强度刺激，容易引起产胶组织中薄壁细胞解体（部分细胞器消失）、石细胞向内侵入、筛管层破坏等局部树皮细胞衰老、解体等变化。

乙烯利刺激割胶，使有运输功能的筛管层减少，影响了物质的运输，这对产胶是不利的。另一方面，施用乙烯利能提高橡胶树对条溃疡病的抗性（含单宁细胞增加，单宁类物质有抗真菌的作用），使条溃疡病大为减轻，这又有利于保护乳管细胞健康，从而有利于产胶。不同品种橡胶树的耐割性能和对乙烯利刺激的反应不同，因此，割胶或刺激措施要因品种制宜。

三、排胶过程及影响排胶的因素

1. 气候因素

（1）温度。最适排胶的温度是 19~24℃。气温低于 18℃，排胶时间就会延长，并出现长流。气温高于 27℃，因胶乳中酶类、细菌活动增强和水分蒸发加快，排胶时间会缩短，产胶量减少。

（2）湿度。割胶当时相对湿度在 80%以上时，对排胶有利；如降至 75%以下，割线封闭会较快，排胶时间缩短。

（3）雨量。连续 10 天雨量在 70 mm 以上，月雨量在 200 mm 以上，雨日分布比较均匀，有利于排胶。

（4）风速。风速在 1 m/s 以下有利于排胶。如果风速达到三级（3. 4~5. 4 m/s）以上，排胶会受到抑制。强风则会造成橡胶树机械损伤。

2. 土壤因素

土壤水分含量充足时，有利排胶。若 50 cm 土层深度内，含水量平均达到 14%以上时，胶乳则能畅流；如降至 10%以下，排胶则受到抑制。因此干旱季节，增施水肥可促进排胶。

土壤中的氮、磷、钾、镁等微量元素及各种养分的含量以及它们之间的比例适当时有利排胶。比例失调则影响排胶。若土壤中钾的含量不足，胶乳的黏度就较大，不利于排胶。而排胶时间较短，胶乳早凝现象则会比较普遍。因此，在割胶生产中，我们要根据营养诊断指导施肥，供给橡胶树正常生长、产胶和排胶后胶乳再生所需要的水分和养分，以利增产。

3. 植株状况

品种不同时，内堵塞强的品种，其排胶时间就短，排胶效率就高，反之排胶时间就较长，排胶效率就低。品种相同时，凡生势旺盛、新陈代谢水平高、树皮生长良好的植株，排胶效率就高；反之，若植株生长弱、树皮生长不良时，则排胶效率就低。

橡胶树在抽叶、开花、结果时期，由于叶、花、果的生长需要较多的水分和养分，加之这时期的各种生理活性物质特别多，因此，胶乳容易氧化和凝固，抑制排胶。

4. 割胶技术

割胶技术好，做到“稳、准、轻、快”，割线、切片、深度达到“三均匀”，胶刀锋利，则有利于排胶；反之，割胶技术差，胶刀磨不好，割胶伤树多，深浅不一，切片厚薄、长短不匀，行刀压力大、摩擦多，以及出现漏刀、重刀、顿刀或摇手等情况，则容易使乳管口堵塞，不利于排胶。

5. 化学刺激

在橡胶树上施用乙烯利等化学刺激剂，由于一方面化解了乳管切口的内堵塞现象，另一方面使靠近割口部位的乳管发生强烈的稀释效应，因而可使排胶时间大大延长。但过分长流对胶乳的再生及橡胶树的健康都是不利的。

第3单元 割胶操作技能

模块一　割胶规划及割胶准备工作

一、割胶规划

1. 开割标准

开割标准是指一个林段中的橡胶树开始割胶投产的指标。它包括两个方面：一是一株橡胶树长到多大才适于开割；二是单位面积中适合开割的橡胶树占多大比例才利于开割。

根据中华人民共和国农业行业标准《橡胶树割胶技术规程》（NY/T 1088—2006）规定：同林段内，芽接树离地 100 cm 处，树围达 50 cm 以上的橡胶树占林段总株数 50%时；寒害较重地区及树龄已达 10 年，树围达 45 cm 以上的橡胶树占林段总株数 50%时即可开割（见图 3—1）。

图 3—1　开割标准测量

制定开割标准的依据，主要考虑橡胶树在整个经济寿命期中能否正常生长、产胶。

（1）橡胶树树围达到 50 cm 时开割，对生长的抑制较小。生长和产胶是有矛盾的，树龄越小，这种矛盾越突出。幼树开割后，树围增长量比未开割树约低一半。当橡胶树树围达 50 cm 时，树冠已发展到较大的光合面积，光合作用所制造的营养物质，大体上既能满足橡胶树生长的需要，又能补充割胶的消耗，因而能较好地解决生长和产胶对营养物质所需的矛盾。从橡胶树的生长来看，开割时的树围越小，对树围年增长量的影响就越大。所以，为了使橡胶树在开割后能够保持一定的生长量，在树围达到 50 cm 开割是比较适宜的。

（2）橡胶树树围达 50 cm 时开割，树皮的厚度才达到适宜割胶的要求（约 0.7 cm），产胶机构的容积大，效率高，产量也较高。树围越小，树皮越薄。树皮厚度不够时开割不仅产量低，而且易伤树，也易外流，导致再生皮的质量差，对今后的产量会有不利影响。

由此可见，在现行栽培制度下，用降低树围的标准来增加开割株数是不适宜的。只有在重风害或重寒害区或开割率达 80%以上、树龄已达 10 年以上的林段内，对少数尚未达开割标准的橡胶树，才可根据实际情况降低开割标准。

林段中有 50%的开割率，主要是考虑到割胶劳动生产率。因为一个林段中开割的株数比例小，割胶时割胶工跑路的时间浪费较多，劳动生产率就低。生产实践证明，一个林段中有 50%以上的橡胶树达到可割树围时才开割是适宜的。

2. 割面规划

所谓割面，就是阳刀割线（阳刀割线又称阳线，指割口向上，由上往下割形成的割线）下方及阴刀割线（阴刀割线又称阴线，指割口向下，由下往上割形成的割线）上方可供割胶的树皮。一株橡胶树可连续割胶几十年，在割胶期间，要变换几次割面，可见割面规划是否合理，对以后几十年的产量有很大的关系。因此，要根据橡胶树树皮中乳管的分布、每年割胶的耗皮量、树皮再生速度以及当地的环境条件等因素，精心设计、合理安排、科学地利用树皮，使整个割胶期内都有足够的树皮可供割胶。割面规划的主要内容包括树皮利用，割线方向、斜度以及割面方向等。

（1）割线高度。当前在实际生产中广泛使用优良品种芽接树，芽接树的树皮恢复能力较差，加之提高割线产量差异不明显，因而在便于割胶的情况下，割线应尽量开高一些（见图 3—2）。S/2 d/3 ~ d/4 割制（S/2 意为 1/2 树围开螺旋形割线，d/3 ~ d/4 意为 3 ~ 4 天割一刀），第一、第二割面均在离地 120 ~ 130 cm 处开割。如此安排当割到接合点时，两个原生皮割面也可割胶 10 年以上，第一次再生皮也有足够的恢复时间。以后第三、第四割面也在相同高度开割，目的是便于操作。

（2）割线的方向和斜度

1）割线的方向。树皮中的乳管与树干成 2° ~ 7° 夹角从左下方向右上方螺旋上升，因此，割线斜度相同的情况下，割胶时均应采用从左上方向右下方割（左割），这比从右上方向左下方割（右割）能切断更多的乳管，可获得较高的产量。

2）割线的斜度。割线斜度的大小，以利于胶乳畅流为原则。斜度不够，影响排胶，胶乳不能畅流，容易外流造成减产；反之，斜度过大，胶乳流得快，胶线薄，不能很好地保护割口。通常芽接树流液量较大，树皮较薄，所以斜度要比实生树大一些。芽接树也要

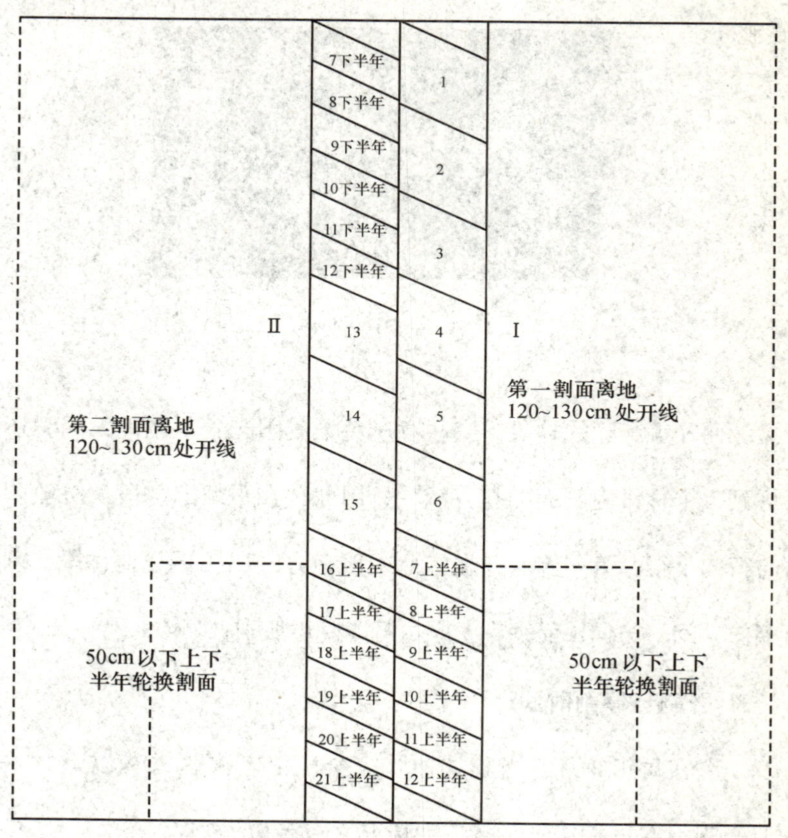

图 3—2　割线高度

根据不同品种的胶乳流量、树皮厚度等因素，适当调节割线的斜度。阴刀割线的斜度应比阳刀割线大，否则割胶时胶乳外溢严重。根据不同割线斜度试验比较，一般实生树阳线斜度为 22°～25°，芽接树阳线斜度为 25°～30°（见图 3—3）、阴线斜度为 35°～40°较适宜。

3）割面方向。在安排割面方向时，首先要考虑便于割胶，其次，

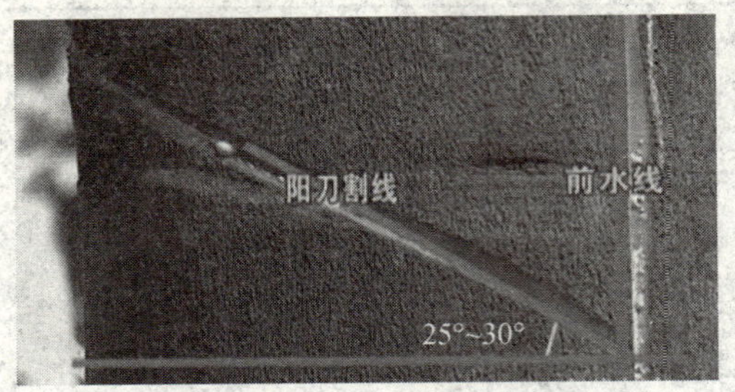

图 3—3　阳线斜度

在边缘而又无屏障的林段，应注意避免早晨阳光直射割面，同时还要考虑到一个林段内割面的整齐统一。因此，在平坦的林段，一般割面可与行向平行，第一割面开在东北或西南方向。在丘陵地林段，割面可朝向株间，与梯田面垂直，应尽可能避免加剧日晒或寒害。

3. 开割与停割时间

一般在每年 4 月，当胶林抽叶完全稳定老化达 70%以上时才能动刀开割。在正常年景，有下列情况之一者应停割：

（1）冬季早上 8 时，如胶林中气温仍低于 15℃，则当天不割；如连续 7 天出现这种情况，则当年停割。

（2）如单株有黄叶 50%以上，则单株停割；如有 50%植株停割的，则整个树位停割；如有 50%树位停割的，则全面停割。

4. 割胶制度

割胶制度是在一定时间内，割胶时所采用的割线条数、形式和长度、割胶频率、割面轮换、化学刺激剂等所构成的规范模式，简称割制。理想的割胶制度应该达到产量高、工效高、生长快（旺产期前）、割线不易干涸、耗皮少和劳动强度小。

常规割胶制度采用 S/2 d/2 割制（割线为 1/2 树围，二天割一刀），单阳线（只有一条阳刀割线），不进行刺激。目前多数橡胶园以常规割胶制度为主。

新割胶制度就是相对于常规割胶制度而言，采用乙烯利刺激割胶的三天一刀、四天一刀或五天一刀等低频割制，包括阳线割制与阴阳刀割制。其主要特点是使用乙烯利刺激后，割胶刀数大幅度减少，割面较小。四天一刀割胶制度见表 3—1。

5. 确定割胶定额

割胶树位是指割胶工每次割胶和管理时应完成的橡胶园区域，此种区域有相对固定的割胶面积或橡胶树株数。每个树位的株数，应根据割胶数目、割线长度、路段远近、开割率多少、地形变化、割胶工割胶技术熟练程度等而定。确定树位割株定额的原则：视坡度大小和路程远近，掌握在 3 个小时内割完，单阳线树位一般 250~300 株；实行阴、阳双线老龄割制的树位一般 200 株左右。新开割树实行二天一刀割制，每个割胶工负责两个树位的割胶管理工作，其他年度的开割树实行四天一刀割制，每个割胶工负责四个树位的割

表 3—1　　四天一刀割胶制度

割胶制度	割龄段	乙稀利浓度（%）	
		不耐刺激品种	耐刺激品种
S/2 d/4	1	0	0
	2~3	0	0.5
	4~5	0.5	1.0
	6~8	0.8	1.5
	9~12	1.1	2.0
	13~16	1.5	2.5
	17~20	2.0	3.0
（S/2+S/4↑） d/4	21~24	2.0	3.0
	25~28	2.5	3.5
	29~32	3.0	4.0
	33~36	3.5	4.5
	37~40	4.0	5.0
（S/2+S/2↑） d/4	41~43	4.5	5.5
（2S/2+S/2↑） d/4 或（S/2+2S/2↑） d/4	44~45	5.0	6.0

注：1. 在实际生产中，橡胶树分为不耐刺激品种和耐刺激品种。不耐刺激品种主要以 RRIM600 为代表，其他品种还有热研 7-33-97、热研 8-79、海垦 2 等；耐刺激品种主要以 PR107 为代表，其他品种还有 GT1、PB86、云研 77-2、云研 77-4 等。

2. 表格中的“↑”指阴割线。

胶管理工作，做到定人员、定树位、定产量，落实岗位责任制。

二、割胶用具准备

割胶用具包括割胶工具和割胶用品。割胶工具包括胶刀、磨刀石、胶刮、胶线篓、胶桶、胶舌、胶杯、胶架、胶灯等。割胶用品包括氨水、保鲜剂等。

1. 胶刀

拉刀是从割线的高端割向低端，推刀则相反，从割线的低端割向高端，我国常用的是推刀，较少使用拉刀。一般来说，低割线（离地 60 cm 以下的割线）适于用推刀；中割线，使用推、拉刀都方便；高割线（离地 150 cm 或以下的割线）用拉刀较方便；割高割面的阴刀时（离地 150 cm 以上）用推刀较方便。

一把好胶刀应达到钢质好，不易钝，两翼对称，外侧平顺；刀口锋利，近刀口处没有收口现象；刀身无锈无裂痕，刀胸近小圆杆形，弯曲度合适；刀柄与刀胸成一条直线。通常一名割胶工应配备两把胶刀，持双刀上岗，定点换刀。

2. 磨刀石

每个割胶工应配备粗石、红石、细石各一块。磨刀石要修理好备用。

3. 胶刮

胶刮在收胶时使用，将倒胶乳时胶杯中剩余的胶乳刮干净，流入胶桶。通常胶刮是用废轮胎胶磨制成牛舌形，其大小和形状要与胶杯内壁吻合，软硬适中，边缘软硬一致、光滑，以便把胶收干净。收胶前应先用水洗湿胶刮，这样收胶时胶刮不易沾胶。收胶中如发现胶刮沾胶，应随即将沾胶凝块拨去。收胶后要马上洗干净备用。

4. 胶杯

常用的胶杯容量为 250~500 mL。橡胶树施用刺激剂后，产量骤增，要根据橡胶树产量状况配备大胶杯（如 800 mL 以上），以节省收胶时间。胶杯内釉面要光滑，不易沾胶，倒胶方便，易清洁。

5. 胶杯架

用铁丝绕成，每株树两个，一个在割面下方，割胶时放接纳胶乳的胶杯；一个在树干 1.5 m 高的地方，在不割胶时倒放胶杯，其目的是保持胶杯清洁，避免溅脏。胶架铁丝两端不宜钉入树皮太深，以免伤树生瘤。

6. 胶桶

一般每个割胶工配备大桶和小桶各一只。大桶可装胶乳 15~20 kg，小桶可装 7~10 kg。胶乳多的树位应多配一只大胶桶。为了便于机械化运胶，胶桶应加盖盖严，以免胶乳溅出造成浪费。

模块二　磨胶刀技术

在我国割胶常使用的是推刀，较少使用拉刀（见图 3—4）。胶刀磨得好坏，对产量有一定影响。磨得好的胶刀，一般可提高 4%～10%的产量。磨胶刀可分为机械磨刀和手工磨刀两种。

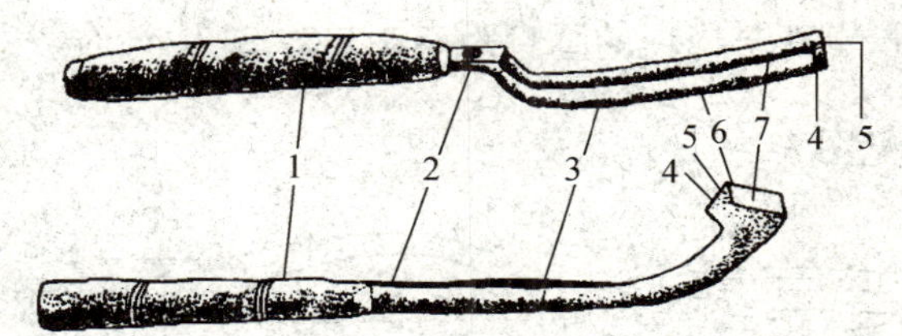

图 3—4　割胶刀（上：推刀；下：拉刀）
1—刀柄　2—刀尾　3—刀身　4—刀口　5—凿口　6—刀胸　7—刀翼

一、磨胶刀的基本要求

磨刀的基本要求是：胶刀两翼外侧要平滑；刀胸磨成小圆杆形，磨圆磨滑；凿口平顺，均匀；刀口平整、锋利，直立时刀口看不到白点。

二、磨新胶刀的方法

1. 检查刀身弯曲度

磨推刀时，应首先检查刀身的弯曲度是否合适。因为胶刀刀身太直，割起来不好过条沟，又易伤树；而刀身太弯则不易“吃皮”。

修定刀身弯曲度的方法：以刀身长度 13.5 cm、刀尾内侧基本平直的辽宁刀型为例，测量校正方法有两查（检查）和两定（修定）。

（1）检查推刀锋顶与刀尾内侧水平线的垂直距离。把刀槽向下，把刀尾内侧平稳放在桌面或凳面上，接触桌面或凳面的长度以 2 cm 为宜，然后量桌面与锋顶的垂直距离，1.8～2.2 cm 是较为合适的刀身弯曲度（见图 3—5）。

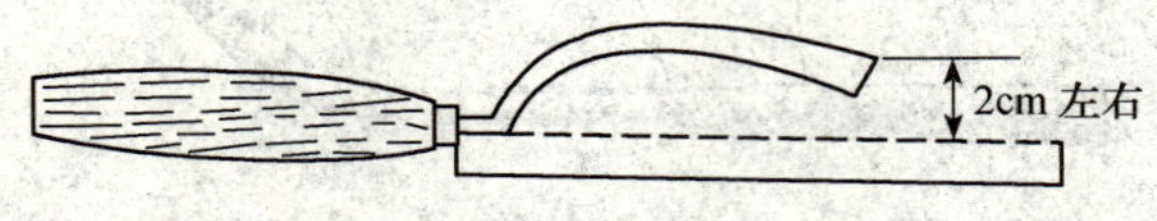

图 3—5　检查推刀刀身弯曲度方法示意图

（2）检查刀尾与刀柄是否在一条直线上。把胶刀的一翼朝上，看刀尾与刀柄是否成一直线，如果刀尾与刀柄成直线，刀身的弯曲度就基本合适。如果刀尾偏向刀槽或偏向胸脊一边，则刀身的弯曲度就有待修定。

（3）修定不合适的刀身弯曲度。当发现刀身存在太直或太弯的缺点，并且胶刀又有修定的余地时，可以根据刀身的弯直情况分别在刀胸前部或刀胸中部用粗石作适当处理，把刀身弯曲度尽量修定合适。

（4）修定不合适的刀尾与刀柄的安装。经检查，如果刀尾与刀柄安装偏了，则需把胶刀敲下来调换一个方向。也可酌情加木签修定，以达到刀身适宜的弯曲度。

2. 检查磨石是否符合要求

磨刀前，应检查粗石、红石、细石是否平整，如不平整应先修好磨石。磨石不平整易将刀磨出条沟甚至把刀磨坏。具体做法：

（1）将各种磨刀石两面不平的部位磨平，用作磨胶刀外翼的平顺面。

（2）将磨刀石的一边修理成双斜面，用作磨胶刀的内槽。

（3）将磨刀石的另一边修理成单斜面，用作磨左右翼的凿口。

3. 定刀型

定刀型要做到“看、稳、准”。

看：就是要看好先磨哪里，这是定出刀型的关键，即要定出首先要磨的部位。

稳：就是看好位置以后把刀放稳，把磨刀石拿稳。胶刀可以放在桶口边上，也可放在砖头上用脚踩稳，使用粗石大力推磨。这种方法磨得快，但对技术有一定要求，新割胶工较难掌握（见图 3—6）。

图 3—6　定刀型

准：就是准确地磨。先磨关键部位，将刀型大致磨出来，然后再将两翼磨平顺。在磨刀翼时应注意磨刀石不要超出刀口，以免造成收口。刀翼前端2~3 cm应采用横磨法，不易磨出收口。待刀胸磨出1.5 mm左右的顺直线、两翼磨成平顺稍有孤形后，将粗石放在左手上，右手拿刀在粗石上滚磨，使刀翼和刀胸达到顺直圆滑并具有小圆杆形的要求。

4. 将刀胸磨成小圆杆形

在磨新刀之前，首先应鉴别所磨的胶刀刀胸和两翼的基本位置，做到心中有数。且应该选出对定刀型比较有利的一翼先磨，然后再磨另一翼。此法可克服两翼并举、边磨边定的盲目性。当粗石磨近刀胸时，应在刀胸两侧均匀留出宽约1.5 mm的距离暂不磨，使已磨和未磨部分清晰可辨。当两翼基本磨好时，用粗石从未磨处向刀胸仔细回修，从而达到刀胸顺直又具有小圆杆形所要求的弧度。如未将刀磨出小圆杆形的弧度，即磨成了三角形刀。如果未磨部分留下过多，圆的直径过大，则变成中圆杆形或大圆杆形刀了（见图3—7）。

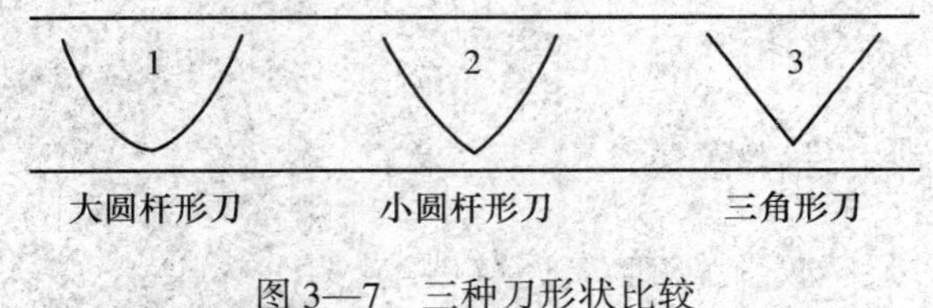

图3—7　三种刀形状比较

小圆杆形刀胸的鉴别应该采取外形观察和刀胸度量相结合的方法。外形观察是通过分析刀胸的不同宽度和弧度来判定刀的形状。

刀胸度量是在外形观察后进行，做法是先由检查组统一磨出标准的三角形刀（刀胸圆直径为 0.15 cm 以下）、小圆杆形刀（刀胸圆直径为 0.16~0.20 cm）、中圆杆形刀（刀胸圆直径为 0.21~0.25 cm）、大圆杆形刀（刀胸圆直径为 0.26 cm 以上）作为样刀，在硬纸片上印出样刀刀口的模型，然后将胶刀逐一比对样刀模型进行检查。

5. 磨胶刀凿口

胶刀凿口的磨法应根据胶刀质量和所割橡胶树的树皮特性而定。一般刀口厚度为 1.2 mm，凿口长度应为 5~6 mm，刀口厚度与凿口长度之比为 1∶4~1∶5。在树皮较硬或胶刀质量较差的情况下，要求在大凿口上套上一个不明显的小凿口，但不能磨成双凿口；在树皮较松软或胶刀质量较好的情况下，则磨成平顺均匀的凿口（见图 3—8）。

图 3—8　胶刀凿口

磨“一字凿”的方法为：首先将刀口锉平，将胶刀立起来，用粗石将刀口较厚的部分磨薄，使刀口厚度基本一致。然后将胶刀平放在桶口边上，下垫一块布以稳刀护刀。刀口朝向自己，一手握紧刀柄，一手握稳粗石，自刀槽中心向外横磨。首先磨一个宽约 2 mm

的小“一字凿”，接着根据刀口厚度将小凿口开到适当宽度。凿口基本定好后，再将刀立起来用粗石修理至厚薄均匀，并用红石和细石磨锋利。此种磨法的特点是看得准，对内槽凿口保护得好，减少返工且简单易行。

6. 磨刀口

（1）锉平刀口。开凿口之前，首先用粗石锉平刀口，将刀口个别较厚的部位锉薄拉齐，并用红石磨去粗石留下的磨痕。

（2）留线防崩。用粗石开凿口，凿口不宜开得太薄，刀口均匀留出一条较细的白线，然后使用红石将凿口上的粗石磨痕磨去，对刀口稍微加工，但不要磨锋利。

（3）防止砂口。使用红石加工后，再用细石磨平刀口，并将刀口的红石磨痕磨去，外翼加工光滑，将刀口上的轻微反口磨去。

（4）平整锋利。最后用细石磨锋利，此时要特别耐心、避免急躁，磨刀石应顺凿口斜度均匀磨动，不要随意摆动，并利用细石粉浆的润滑和缓冲作用，小心认真加工，保证刀口平整锋利。

（5）检查刀口是否平整的方法。检查刀口是否平整，可将胶刀竖立，此时锋顶应比两个翼角高出约 1 mm，并且从锋顶到两个翼角成直线倾斜，这样胶刀平放时刀口就显得平齐了。

三、旧胶刀的磨法

每日割完胶后应将胶刀磨锋利以备下次使用。在磨刀时，部分胶刀刀口可能会出现砂口，当遇到这种情况时，应用细石或红石先把砂口磨平。如果不先磨平刀口就直接磨刀，刀口各部位的锋利程度就会不一致，会出现一些部位锋利了而另一些部位没锋利。而继续把尚未锋利的部位磨锋利时，已锋利部位往往就会磨出崩口。这样既浪费时间，又会加快胶刀损耗。

先磨平刀口，统一了刀口的厚薄度，然后根据刀口厚薄决定使用粗石、红石或细石，这样既有利于加快磨刀进度，又有利于延长胶刀的使用寿命。

模块三　割胶操作技术

一、割胶技术的基本要求

1. 少伤树

割胶时应尽可能不要伤及树皮内的形成层，超深割胶易伤树。

应做到基本无大伤和特伤，少量小伤。橡胶树开割后要持续割胶几十年，如果造成割伤，伤口便易长瘤，影响乳管生长，降低产量，严重时可使橡胶树失去割胶的价值。

2. 耗皮适量

橡胶树的经济寿命主要取决于割胶可利用的树皮消耗量，树皮消耗量大，便会缩短橡胶树的割胶年限，使树皮不够轮换。因此，一般每割一次的耗皮量为：d/3 割制，阳刀为 1.2~1.4 mm，阴刀为 1.4~1.6 mm；d/4 割制，阳刀为 1.4~1.6 mm，阴刀为 1.6~1.8 mm。要根据一年的割次确定一年的耗皮量（见图 3—9）。

图 3—9　割胶年耗皮量示意图

3. 割面均匀，深度适当

树皮内层乳管较多，而且内外乳管列之间基本不连通，因此要割到适当的深度才能割断更多的乳管列，一般割至离形成层 1.6~2.2 mm 处较为适宜。同时割胶深度要均匀，做到该割的乳管都被割到。这样既可获得较高产量，再生皮也可长得平整，便于以后割胶。

4. 割线斜度平顺

割胶时整条割线要平顺，不应出现波浪形、扁担形。这样既有利于胶乳畅流，又可使整条割线上都均匀地铺满胶乳，保护割口。这就要求割胶时，每刀切片的厚薄要均匀一致。

5. 下刀、收刀整齐

下刀、收刀是否整齐，将会直接影响树皮的规划和利用。如果下刀、收刀不整齐，超过水线，将不该割的树皮割掉了，就会影响另一割面的产量；反之，如果下刀、收刀不到水线，漏割了树皮，也会影响当前产量。

二、割胶技术基本操作要领

割胶技术必须掌握“稳、准、轻、快”的基本操作要领。

（1）“稳”就是拿刀要握紧，持刀手腕与刀柄成一直线；另一只手拇指和中指握紧刀柄前端，扶定刀身，食指伸直放入刀槽中部，轻微靠定刀身左翼，起扶刀定向作用，行刀时胶刀要始终保持一定的斜度。

（2）“准”就是下刀要靠准水线（指割面分界线）的外边线，行刀时要以身带刀，脚步要跟上，用手臂力量均衡而有节奏地将胶刀顺着树身的弧度向前推进。每刀都要接准前一刀，但要避免落在已割的刀路上。进刀和退刀幅度约为2∶1，在整个行刀过程中要做到基本一致，使之达到切片厚薄、长短均匀，接刀均匀，深度均匀。

（3）“轻”就是行刀时压力小，刀身与割线的接触面不宜过大，一般只在刀口处1.5 cm左右。行刀时要手臂用力，避免用手腕力推刀，以免“摇手”；用力要有节奏而均衡，进刀用力不可过大，以免“冲刀”；退刀时要退准三角皮处，不可过后，以免“重刀”；进刀和退刀要有节奏地连接起来，不要停顿，以免“顿刀”。

（4）“快”就是要在“稳、准”的前提下求“快”。“快”的关键不在于走路快，而在于操作快。因此，要想割得快，就必须在操作上多下功夫。

三、高割线阳刀割胶操作方法

高割线阳刀割胶操作方法适用于离地1.3 m以上的割线，其基本操作方法是：

1. 握刀

右手在后紧握刀柄，食指直放，起定刀作用。胶刀与手前臂成直线，不要向里或向外弯曲。当割线过高时可握后一点，并用单手握刀，割线较低时可用双手握刀。双手握刀时，左手拇指和食指指尖向上掐住刀根（凿口处）进行定刀即可。

2. 用力

右手用力，整个手臂按割线斜度的方向用暗力均匀地将刀送出，不要冲、顿、摇刀，这样比较容易控制刀锋和掌握深浅，使割胶切片长短厚薄一致。如双手握刀，左手可起定刀作用，以减轻右手食指负担。

3. 下刀

左脚站位与水线对齐，脚尖向前，左手拇指和食指抓住左刀角下刀处，贴紧树身，然后右手用力对准水线慢慢推刀，够深度时右手握刀依托边线用手腕力向外挑出，左手配合向外拉出，深度不够时可在内侧再重复操作一次。若下刀整齐、够深，则有利于胶水流入胶杯，反之易引起胶水外流、伤树，造成浪费（见图 3—10）。

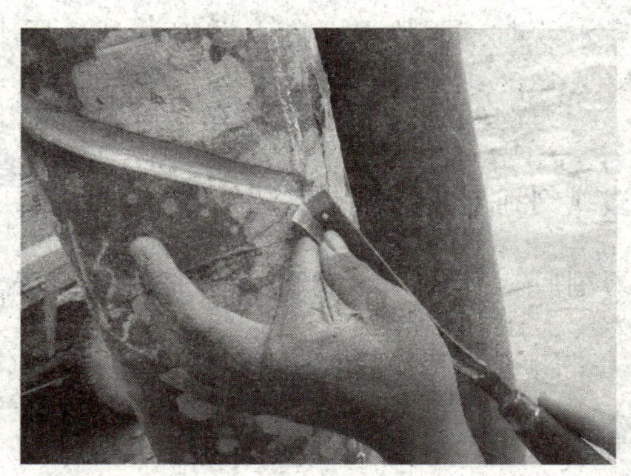

图 3—10　高割线割胶下刀

4. 行刀

整个过程要求稳、准、轻、快，切片不宜过长，以 2 cm 左右为宜。行刀时身体向后绕树身移动，并稍向左后倾，左肩比右肩稍低，重心向后，以助转身。同时侧身向树，不要正面对树。握刀姿态在一般情况下不要变动，做到身移刀跟，一刀一片。人与树身的距离要适当，行刀时脚的站位远近要适合，割过高、过低割线时可离树身稍远一些。脚步的移动应紧紧配合身体转动，移动时右脚从右向左后退，不要停留。这样可以使转身容易，姿势自然，不致因脚步移动不当而影响行刀。另外，割较高的割线时脚步要走小一些，割较低的割线时右脚后移时可跨大一些。

5. 收刀

当行刀近后水线时，要放慢速度，左刀翼到达后水线后，右手轻轻向上提起，待刀的两翼与后水线对齐后再向外拉出即可，要注意防止刀冲过边线割到未开割的树皮（见图 3—11）。

高割线阳刀割胶操作方法，总的要求是轻松自然，姿势正确，做到以身带刀、带脚步，其操作要领可简单归纳为四句话：思想集中眼看清，侧身带刀退步行，右手握刀用力均，平刀切片稳、准、轻。

图 3—11　高割线割胶收刀

四、低割线阳刀割胶操作方法

1. 拿刀

左手握紧刀柄的后端，右手握刀柄的前端，但不要握得太紧，右手食指伸入刀槽中部定稳刀。割胶时左手肱部与刀柄成一直线。

2. 下刀

右脚尖站到水线边线处适当距离，左脚在后自然分开，两腿适当弯曲站稳，下刀时左手要拿稳刀，刀背紧贴水线边线，将胶刀略向外侧，对准水线边线切入树皮，并以与割线斜度相同的角度对准边线向内插入至够深，然后用左手的腕力轻快地向外前方位置转出，同时右手食指配合向外拧出（见图 3—12）。下刀够深时，将刀往外挑出，皮薄的树，一刀就可以割够深度，皮厚的树要挑 1～2 刀才能割够深度，如下刀过深，将来再生皮会出现条沟，不利于割胶。下刀时切皮厚薄要与行刀时切皮的厚度一致，以防止割线弯曲。前后水线不要开太深。

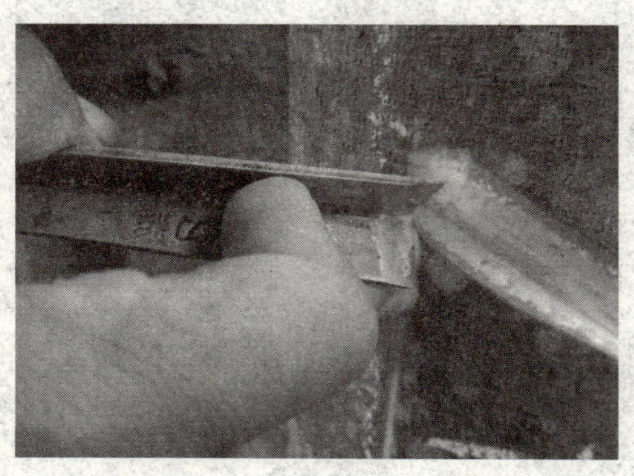

图 3—12　低割线割胶下刀

3. 行刀

（1）行刀应做到稳、准、轻、快，割胶深浅均匀，切片长短、厚薄均匀。行刀时稳、准、轻、快要配合好，核心是准。前手定稳胶刀，后手均匀轻松地用力推割。用平刀法切皮，刀口沿着树身转，以身带刀。每割一刀，当刀口刚好切断树皮时，应立即向后退至接口处，对准前一刀接刀。接刀时应注意深度和切片厚度均匀，既要避免刀退得过后，造成重刀或伤树，也要防止退得不够，造成漏刀。

行刀时，用力要轻，避免胶刀擦压割口（乳管）和割面。在转弯时和过条沟时，速度要放慢。遇到小条沟时应以慢连刀通过，遇到大条沟时则应以挑刀通过，并注意挑够深度。脚步配合自然，移步时前脚跨步略大，后脚跨步略小。

（2）手脚眼身配合要协调。在割胶中，手、脚、眼、身的姿势要正确，轻松自然地操作。手握稳胶刀，掌握行刀的方向，使刀不上、下、左、右摇摆，而是沿着割线斜度方向前进；脚要站在距树适当的位置，自然移步向前。眼睛要斜侧看准接刀点，身体侧弯与眼睛自然配合行进。

4. 收刀

收刀要整齐够深。当行刀至接近水线时，速度要放慢，行刀至离前水线 3~4 cm 处时，连挑 1~2 刀，此时刀锋顶已到前水线，但下刀翼仍未到，右手应稍放低，至剩下约 0.5 cm 树皮时，后脚移半步，前脚跨一步，后脚随即在原地转 90°，站稳后，将下刀翼与前水线平齐，眼看水线内缘，轻轻推刀，将刀平稳地轻推至前水线。到前水线边时，刀稍向内移动，然后平拉起刀，收刀就会整齐（见图 3—13）。割高割线时，当刀接近边线时，眼睛看准刀的左翼，待左翼到达边线后，将后手提高，使刀的左翼和右翼都到达边线时才拉出，这样收刀比较整齐，不会超过边线。

图 3—13　低割线割胶收刀

五、阴刀割胶操作方法

阴刀割胶操作基本要领跟阳刀割胶一致（见图 3—14）。

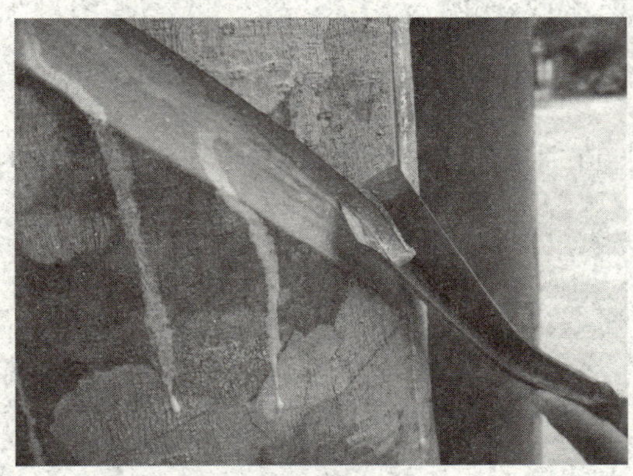

图 3—14　阴刀割胶

1. 姿势

身体稍倾向橡胶树，前身稍低，站立位置始终与树身保持同等的距离，行刀时脚步、身体要协调，握刀柄的手腕要直，看准底线三角点，用手臂力推刀。

2. 拿刀

右手握紧刀柄，拇指按于刀柄上，其余四指将刀柄紧握掌中。左手手心向上，拇指在刀身上面，食指在刀身下面扶稳刀身（近刀柄处），其余三指上屈握住刀柄和刀身连接处。如果割线过高需要单手割胶时，右手握稳刀柄，食指应按在刀身上面，以稳定刀身。

3. 走步

两脚分开站稳，左脚在前，右脚在后，脚尖朝割面，身稍前倾。随着行刀绕着树身移动，当右脚站稳，左脚即向后移动，以保持身体平衡。

4. 行刀

行刀时刀口向上侧 35°～40°，胶刀始终保持同样斜度。刀身与割线接触宜小，一般刀口背面与割线接触 1.5 cm。行刀时要以身带刀，刀口随树身转，用臂力推刀，进刀和退刀用力均衡轻松、有节奏，使切片长短基本一致、厚薄均匀、近四方皮。遇有小条沟时，可用侧刀连刀割，大条沟则用刀挑刀通过。

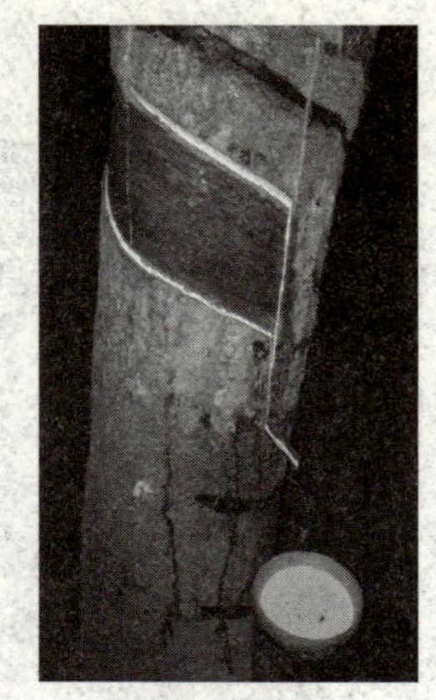

图 3—15　阴阳刀割胶

5. 接刀

接刀要对准底线三角点，一刀一刀地均匀向前行刀，刀口保持向上侧 35°～40°。这样才能做到割面呈明显的小线条，深度均匀，底线清，胶乳外流少（见图 3—15）。

6. 下刀和收刀

下刀前应拔净胶线，顺斜下刀离前水线约 2 cm，应割到适当的深度。行刀至距离后水线约 2 cm 处，应稍减慢速度，左刀翼到垂线后则将刀柄向上翘提起收刀。

总之，阴刀割胶的最大难点是易造成胶乳外流。要克服胶乳外流，一是提高阴刀割胶技术，割胶工须考核合格后才能上树位；二是雨后割面未干不割；三是可在割线下方安装接胶槽。

六、拉刀割胶操作方法

1. 拿刀

割线高度适中时，右手紧握刀柄，左手掌握刀身。当割线较高但还能看准割面时，右手握稳刀柄，左手抱树，以单手拉割。割线较低时可从下往上拉割，拉割时可换左手握刀柄，右手掌刀。

2. 下刀

拉刀割胶与其他方法要求相同，但要注意下刀时刀柄不要低于割线。

3. 行刀

拉刀割胶与其他方法要求基本相同，但步法上有所不同，移步时右脚大步后退，左脚小步后退。

4. 收刀

收刀速度应放慢，退够步幅，身体站立自然后方可收刀。

模块四　乙烯利刺激剂的使用

乙烯利作为橡胶树产胶的刺激剂，已在各植胶国普遍使用。事实表明，这种刺激剂具有高效、速效、长效等特性，现已成为增加割次产量，降低割胶频率，提高劳动生产效率的一项重要手段。

采用药剂刺激，要根据不同品种、不同割龄、不同季节以及橡胶树产胶潜力等情况，采用科学、合理的药剂浓度。

一、使用剂量

原则上 S/2 单阳线或（S/4+S/4↑）阴、阳线每株每次涂药量为 2 g；（S/2+S/4↑）阴、阳线每株每次涂药量为 3 g。因树龄大小不同，割线长度和树皮厚度不一样，涂药时应根据具体情况进行调整。

二、使用周期

d/3 割胶频率 15 天为一个涂药周期，每一周期割 5 刀，全年割胶期涂药约 13~15 次。d/4 割胶频率则 12 天为一个涂药周期，每一周期割 3 刀，全年割胶期涂药约 16~18 次。

三、配药及涂药

1. 配药

应由经过培训的专人配药、发药。配药前应列出表格，将割胶工、树位号、品种、割龄、割制、株数、用药浓度、发药量、发药日期等项分别填写清楚。领药要登记签字。

2. 涂药

（1）当年第一次涂药，应在第一蓬叶稳定，在割第二刀后尽快进行，以免损失前期的产量。在割胶当天下午胶线干涸时，用宽约

1 cm 的毛刷蘸取药液，均匀地涂在割线上和割线上方 2 cm 宽的割面带上。

（2）每年开割后的第一次涂药，和进入雨季后低割线转高割线的第一次涂药，应先将紧接割线下方 1～1.5 cm 宽的木栓层皮刮去，将原生皮刮至呈现绿色为止，将再生皮刮至呈现红色为止，再将药液均匀地涂在刮皮带和割线上，以增加药效。

（3）如在涂药 6 小时后遭遇暴雨冲刷，则不需补涂；如在 2 小时内遭遇暴雨冲刷，可进行补涂，但要将刺激剂降低一半浓度；如在 2~6 小时之间遇雨，可根据涂药后第一刀的产量，对减产多的树位适当缩短当次涂药周期。

（4）对出现死皮征兆的树或死皮树应单株停止涂药。

模块五　收胶作业

一、收胶时间

一般情况下，割胶后的橡胶树约两小时后才停止排胶，但后割的橡胶树流胶时间较短，因此一般在割完胶一小时后再开始进行收胶。冬季或经过刺激处理后，排胶时间较长，长流橡胶树也较多，因此要等大部分橡胶树停止排胶后，才能收胶。长流橡胶树收胶后应把胶杯放回原处，待到下午再收一次长流胶。干旱季节或刮大风的天气，胶乳容易早凝，因此收胶时间要适当提早，一般割完胶磨好刀后即可收胶。

要注意收集杂胶，以免浪费。杂胶包括长流胶、胶凝块、胶线和胶泥，一般占总产量的15%左右。割胶时，应将胶杯的凝块收入胶箩。胶线应在割胶时就收集好，如果胶线太薄不能拉起，应待割胶后再将胶线收回。对长流橡胶树，应在收胶后将胶杯放回继续收集。如在冬季或刺激处理后，长流胶较多时，下午应再收一次长流胶。可半年收集一次胶泥，挖出的胶泥要除去泥土和杂物。

二、胶乳早期保存

1. 认真做好清洁工作

胶乳的腐败主要由细菌导致，而胶乳中的细菌主要来源于树身或收胶用具。所以清洁工作对防止胶乳变质具有重要的作用。广大割胶工在长期生产实践中总结出来的“六清洁”，是防止胶乳腐败的有效措施，须认真做好。“六清洁”的内容包括：

（1）树身和树头清洁。树身上的泥土、青苔、蚁路、外流胶、胶头泥、树头旁杂草等，均需经常消除。

（2）胶刀清洁。胶刀要锋利、光滑、无锈。

（3）胶杯清洁。每年开割前，要将胶杯彻底清洁一次。可用水或用含有少量草木灰或苏打（碳酸钠）的水煮，然后擦拭干净保存。亦可在冬季停割后，将胶杯埋于林段地下，待开春割胶前取出洗干净，效果也很好。收胶前应擦净胶杯，收胶时要刮干净杯内的胶乳，收胶后将胶杯斜放在胶杯架上，杯口向树干，以防露水、雨水、泥沙等污染胶杯。

（4）胶舌清洁。经常清除胶舌上的残胶、树皮、虫蚁等杂物。

（5）胶刮清洁。每次收完胶，要洗净胶刮上的残胶。胶刮不宜在硬而粗糙的物面上摩擦，以免磨损胶刮的表面，不利于清洁。

（6）收胶桶清洁。收胶桶在使用前后应清洗干净，应保持专桶专用，不可使用胶桶存放其他物品，尤其是水果、咸菜等。因为这些东西容易引起胶乳凝固，使胶乳变质。

2. 合理使用胶乳保存剂

在实际生产中主要使用氨水来保存胶乳，与其他保存剂相比，氨水具有使用方便、效果好、来源多、价格便宜等优点。其缺点主要是易挥发，有腐蚀性、刺激性，并增加凝固胶乳的用酸量等。总的来说，氨水的优点多于缺点，是较好的胶乳早期保存剂。

氨水是碱性物质，易挥发，对皮肤和金属具有腐蚀性，因此不能用铜、铝、铁器盛装，应使用陶、瓷、玻璃或塑料容器盛装。将氨水用作胶乳早期保存剂的目的主要是抑制细菌的生长和繁殖，同时中和胶乳里由于细菌腐败所产生的酸类，提高胶乳的稳定性。

氨水的用量要适当，用量不够将达不到保存胶乳的目的，用量过多会造成浪费。此外，含氨量高的胶乳会导致加工困难，影响产品质量。氨水的用量一般是以鲜胶乳中含多少纯氨来计算。一般制造烟胶片和颗粒胶的鲜胶乳加纯氨量为鲜胶乳重的0.05%~0.08%，对制作浓缩胶乳的新鲜胶乳，加纯氨量为鲜胶乳重量的0.2%~0.35%。具体应用时，还要根据具体情况适当调整。一般在气温低，进工厂时间早时，氨含量可低些。当橡胶树开花、抽叶、雨后割胶、进工厂较晚或稳定性特别差时，用氨量应高些。氨水出厂时的浓度通常为20%左右，为了减少挥发，应加水冲淡到10%的浓度，以备使用。

3. 认真做好收胶站管理工作

收胶员要与割胶生产队保持密切联系，应根据割胶、胶乳质量、加工等情况，采取相应措施。要经常向割胶工宣传胶乳保存的重要意义和基本知识，使做好“六清洁”成为割胶工的自觉行动。收胶站的收胶用具在收胶前、后均需清洗干净。每天收胶前应先用水湿润地面和过滤筛，以便以后清洗。胶乳桶的内壁需要用氨水湿润，防止胶乳凝固而紧贴在桶壁上。要严格控制胶乳的氨含量，要把新鲜胶乳的氨含量控制在预计的范围内。氨水的浓度配制要准确，应根据天气情况，估计每树位的胶乳产量，预先配备好氨水，供割胶工使用。要经常检查胶乳的氨含量和胶乳质量，确定是否需要补加氨水。要坚持执行胶乳验收制度，每批胶乳到站后，均应仔细检查胶乳的质量，分级处理。对发臭、有凝粒或凝块的腐败胶乳另行装桶，并适当增加氨水用量。切不可把不正常的胶乳混入好的胶乳中，防止好的胶乳腐败变质。

模块六　新割胶技术的利用

一、气刺微割技术

气刺微割技术是一种全新的割胶技术，其核心做法是将传统的乙烯利刺激改为乙烯气体刺激，将长线割胶改为短线割胶。我国经过十余年的试验，发现该项技术在节约树皮、延长橡胶树经济寿命的同时，还具有一定的增产作用，可大幅度提高割胶劳动生产效率。但从目前的研究成果来看，其副作用也较大，还待深入研究。目前，仅建议在更新前 5～10 年的橡胶树上使用该方法。

1. 气刺微割技术的特点

（1）割线短，割胶强度相对较小。微割的割线长度只有八分之一树围（S/8），其割胶强度比常规刺激割制要小数倍，如 S/8 d/3 的割胶强度只有 17%，比乙烯利刺激割制 S/2 d/3 的 67%割胶强度要小许多。微割的割胶强度较小，因此要想获得良好的产量就必须给予橡胶树涂施高强度的化学药物以刺激其增产。此外，技术割口较小，排胶量又较大，因此割面有较好的完整性。

（2）使用高浓度乙烯气体，刺激强度大。微割刺激采用的是气体而不是常规用的水剂，其刺激强度比使用乙烯利水剂刺激大数倍。2 g 浓度为 2%的乙烯利水剂在理论上可产生 6.2 mL 乙烯气体，与微割刺激注入的 50～100 mL 乙烯气体相差 5～10 倍。由此可见，气刺微割的刺激强度是相当大的。另外，微割气体刺激的作用过程与常规割制是不同的。常规割制所涂施的乙烯利，其有效成分是 2-氯乙基膦酸，是一种强酸性物质。它被涂施到橡胶树上后，首先渗入到树皮里面，然后发生中和反应并分解出乙烯和水，最后由乙烯产生刺激作用。而微割所用的乙烯气体是通过安装在橡胶树上的密封气盒直接渗入到树皮里并快速向上传导，在传导的同时产生强烈的刺激效应。因此，如果橡胶树只能安装一只密封气盒，那么气盒周边的排胶影响面不能有阻碍气体传导的“沟壑”“皮岛”出现，否则刺激效果会大大降低。众多观察结果表明，割面已被严重破坏的橡胶树，即使采用气刺微割技术也难以获得理想的产量。

（3）排胶时间长，长流胶比例较大。气刺微割的排胶时间一般为 12~13 小时，冬季低温时可超过 24 小时，而常规乙烯利水剂刺激的排胶时间为 6~10 小时。由于排胶时间长，微割的长流胶比例可超过 50%~60%，而常规乙烯利水剂刺激的长流胶比例为 15%~20%。

2. 气刺微割技术要点

（1）适宜品种树龄。因刺激强度较大，气刺微割技术只适宜老龄树或更新树使用，以耐刺激性的品种效果为佳。

（2）割胶制度

1）割线长度。采用八分之一树围（S/8），阴刀割胶。更新树应视砍伐时间及劳力情况，适当延长或增加割线条数。

2）割胶频率。可选用三天一刀（d/3）、四天一刀（d/4）、五天一刀（d/5）等不同割胶频率割胶。

（3）刺激方法

1）刺激剂型。乙烯气体刺激剂，气体浓度 100%。

2）刺激剂量。每株每次 30～50 mL（气袋是 100 mL 的，故充气不宜太满，以防刺激过量）。

3）刺激频率。一般是每 3 刀为气袋充一次气，如果第一刀增产幅度过大，则须延长充气周期。

（4）气袋安装

1）安装部位。阴刀割胶时应将气袋安装在割线上方 15～30 cm 处；阳刀割胶时则应将气袋安装在割线下方。

2）安装方法。用小塑料锤轻轻地将嵌有钢圈的小塑料盒（气袋）钉入树皮里，不可用力过猛。

3）移换位置。每 45～60 天要将小塑料盒的位置移换一次，以免树皮钝化，影响刺激效果。

4）拆卸方法。用小塑料锤轻轻地敲击小塑料盒的两侧，待塑料盒松动即可拆卸。

（5）控制增产幅度。由于气刺微割技术刺激强度大、排胶时间长、排胶量较多，特别是在刺激初期，排胶量可骤增 100%～150%。因此，应用气刺微割技术的橡胶树，其产排胶容易失衡，产量很快会出现“增—平—减”现象。为确保产排胶持续平衡，增产幅度以不超过 10%为宜。如增产幅度过大，则需及时调节刺激的剂量、周期、割频、深度等。刺激强度的调节还可采用其他措施，如充气后第二天即可割胶，不必间隔 48 小时，或刺激气盒的位置可减少移动的次数。

（6）配套措施。气刺微割技术排胶时间长，收胶次数多，受雨水冲胶的概率也大。为了发挥微割技术的高效优势，应尽可能配套尼龙袋田间凝固技术收胶，或者配套安装防雨帽和排胶槽（阴刀）。

二、电动割胶

据报道，中国热带农业科学院橡胶研究所设计的电动胶刀，可以在 6 秒左右完成割胶，割胶效率较高。2017 年，新型胶刀已开展生产性大田割胶实验并推广。这种割胶刀割面设有特别的保护装置，可以将耗皮量控制在 1.5～3.0 mm 范围内，同时胶刀重量只有 400 g，便于割胶工操作。通过使用电动割胶刀，一名割胶工一上午可以割 800~900 株橡胶树，不仅减少了割胶工的割胶技术对橡胶树的影响，且产胶总量也可得到 10%的提升。

三、自动化割胶技术

国内外均在大力探索和研究自动化割胶技术。

我国已成功研制了全自动割胶机，目前正在调试阶段，相信未来自动化割胶技术的应用将会大大促进天然橡胶的生产。

第4单元

开割橡胶树养护管理

模块一　养树割胶

割胶要正确处理管、养、割三者的关系，采用合理的割胶强度和刺激强度，保护和提高橡胶树的产胶能力，保持排胶强度与产胶能力的平衡，进行科学割胶，使整个生产周期持续高产稳产。

养树割胶就是根据橡胶树的产胶、排胶规律，采取相应的割胶措施，合理调节排胶量。做到需要增产时，可科学地提高产量；需要减产时，则可留有余地；需要保护时，及时停割。具体来说，养树割胶就是割胶生产中常说的“三看割胶”，主要包含以下几方面的内容。

一、看季节物候割胶

橡胶树的产胶能力在一年中的变化规律是：开割初期产胶能力

低，中期产胶能力高，快到停割时期，产胶能力又有所下降。同时，一年中的开花期、抽叶期产胶能力较低，其他时间则较高。因此，必须根据这些变化规律来确定相应的割胶措施，以调节排胶量和产胶能力之间的平衡。

1. 看季节物候制定割胶策略

由于橡胶树在一年中的产胶能力有弱→较强→较弱→强→弱的变化，所以在安排一年中的月产量时，宜采取“稳、紧、超、养”的割胶策略。

（1）稳。主要指两点：一是每年开割时要稳住，不要着急，应等到第一蓬叶稳定（叶片挺直、绿色）半个月后，老化的植株达70%以上才动刀开割。二是在第二蓬叶抽叶至稳定前，应适当降低排胶量。据经验判断，在叶片尚未充分稳定时就开始割胶比待叶片充分稳定一周后才开始割胶的，年产胶量低约10%~20%。

（2）紧。指在一年中橡胶树旺产、潜力大时应抓紧割胶，善于利用刺激手段挖掘产胶潜力获得高产。有产胶潜力的季节主要是在第一蓬叶稳定后半个月至第二蓬叶萌动前。

（3）超。指一年的干胶生产计划应提早超额完成，如在8月底之前完成年度计划的60%以上，则在10月以后冬季低温来临前超额完成全年任务。

（4）养。主要指两点：一是在整个割胶过程中都要注意养树，尤其是在产胶潜力小的季节；二是当提前超额完成任务后，应及时停割养树，转入冬管，为下一年培养更大的产胶能力。

2. 看物候决定开割期和停割期

（1）开割。在我国大多数产胶地区，开割的橡胶树一年可抽叶 3~4 蓬，且以第一蓬叶抽叶量最多，约占全年总叶量的 60%~70%。其次为第二蓬叶，约占 20%~30%。橡胶树的高产期是以叶茂为标志。橡胶树在抽发叶期间，需要消耗大量水分和养料，因此只有待新叶转绿后，才能大量制造养料，供给橡胶树生长和产胶的需要。如果在叶片尚未转绿之前开割，容易导致新叶生长不良，从而影响全年产胶量。因此，橡胶树每年第一蓬叶生长的情况对当年的产量影响最大。为了保证橡胶树的第一蓬叶生长茂盛，应避免提早抢割，一定要待第一蓬叶老化后才能开割。一般情况下，一个林段中有 70%以上的植株叶蓬稳定 15~20 天后才宜进行开割，其余的植株则应待叶蓬稳定后开割，稳定一株开割一株。

（2）停割。冬季停止割胶的时间，一方面取决于气温的高低，另一方面取决于叶片黄化的程度。在冬季上午 8 时前温度低于 15℃时，应临时停割，若这种低温天气持续 3~6 天，当年应全面停割。在冬季低温持续日数不长的地区，如海南省南部及东南部地区，除温度低于15℃时必须临时停割外，如一株橡胶树其黄叶达一半以上，应单株停割；当一个林段有半数以上的橡胶树黄叶达一半以上时，就应全面停割。因为黄叶已不能进行光合作用，而未黄的老叶在冬季低温下，光合作用强度一般会下降约50%~70%。因此，要及时停割，以免消耗过多的贮存养料，影响来年的生长和产胶。

3. 看物候调节割胶深度

割胶深度是影响排胶量的一个重要因素。深割排胶量大，浅割排胶量小。因此，在不改变割胶制度的条件下，可以通过改变割胶深度来调节排胶量，使排胶量与橡胶树一年中产胶能力的变化相适应。一般是每年开割初期进行浅割，之后略深割，当第二蓬叶抽叶时又进行浅割。待第二蓬叶老化之后，开始深割，直到10月低温到来，胶乳长流时，又改为浅割。这样通过割胶深度的调节来达到养树的目的，调和产胶与生长、产胶潜力与排胶强度之间的矛盾。

4. 冬季酌情转高割线割胶

冬季割胶，低割线割胶易导致长流胶的情况较为严重，不但容易引起死皮，还极易感染条溃疡病。据长期观察，若冬季割胶采用30 cm以下的低割线，条溃疡病的发病指数平均达15.5~19.8，而采用50 cm以上的高割线则发病指数可减少至1.8。因此，在海南产胶地区，9月下旬后30 cm以下的低割线割胶都应转为高割线割胶。在云南产胶地区，由于条溃疡病比较严重，应提早将低割线割胶转为高割线割胶。

二、看天气割胶

看天气割胶，主要是要根据天气情况来决定割胶时间、割胶顺序和割皮厚薄。

1. 按天气情况决定割胶时间

清晨气温 19～24℃，相对湿度 80%左右，静风的条件下对橡胶树排胶最有利，割胶工在天亮前后割胶即可。高温干旱季节对排胶不利，割胶工应于早上 4 点左右带头灯割胶，7 点左右割完。雨季湿度较大，天亮前割胶易出现长流胶的现象，容易引起死皮，应在天亮时割胶。10 月后，由于天亮前气温逐渐降低，这时割胶长流胶现象严重，容易引起死皮，所以应在天亮后割胶。入冬以后，早晨气温常低于 15℃，这时须等气温升至 15℃以上时才能开始割胶。如果早晨 8 点前气温仍在 15℃以下，则当天须停割。

2. 看天气情况变换割胶路线

通过变换割胶路线（简称胶路）改变割胶的先后顺序可调节橡胶树的排胶量，从而使长期割得早、排胶时间长的橡胶树得到合理的节制，而让长期割得晚、排胶时间不足的橡胶树适当延长排胶时间，以发挥产胶潜力，从而有利于整个树位长期稳产高产。割胶路线关系到一个树位中开割的先后次序。一般每个树位中有高产树和低产树，可用变换开割的先后次序来调节排胶时间和发挥产胶潜力。

通常有经验的割胶工都有几条胶路，割胶时根据当天的天气情况确定采取哪一条胶路。高温干旱季节点灯割胶时，为了使高产树能够在最有利的条件下排胶，一般是先割中产片，天亮前后割高产片，最后割低产片。即采用中产片→高产片→低产片的胶路割胶。

在低温季节，因胶乳易于长流，为了保护高产树的产胶能力，一般以采用低产片→高产片→中产片及低产片→中产片→高产片两种胶路轮流割胶。

在有树叶滴水的浓雾天气，水珠滴入胶杯后容易引起胶乳变质，因此为了减少外流胶和变质胶乳，宜先割中产片，待雾散后再割高产片。这样就可获得较高的产量，又有利于养树。

湿度大的凉爽天气，可先割低产片，后割高产片。

雨季割胶时，要特别注意防止雨水冲胶，故在阴天可能下雨的情况下，应先割低产树。雨后割胶应做到树干干燥后才开割（不干不割）。树干干燥后应先割高坡、向阳、通风、高割线片，后割背阳、荫蔽、低洼、低割线片。雨后，如到中午或下午树身才干时，当天最好不割，因为此时产量较低。

3. 按天气情况调整割胶深度、割皮厚度和刀法

湿度大、气温凉爽的天气，排胶畅通，应适当浅割。高温干旱天气时，割口容易干，应适当深割和割皮厚一点。因台风或雨天停割数天后，复割的第一次割胶要割皮厚一点，遇雨天冲胶的第二、三刀也应当割皮厚一点。根据天气也需要调整刀法。通常割胶为平刀，高温干旱季节割胶为稍正刀，冬季低温割胶为稍侧刀。

4. 冬季严格贯彻“一浅四不割”制度

为了冬季安全割胶，防止条溃疡病的发生和发展，要特别重视“一浅四不割”制度。所谓“一浅”，就是割胶深度离木质部 0.15 cm。所谓“四不割”是：早晨 8 点前气温仍低于 15℃时当天不割；毛毛雨天气和树身不干不割；病树出现 1 cm 以上病斑未处理好之前不割；在易发生条溃疡病的林段实生树 30 cm 以下低割线、芽接树 40 cm 以下低割线不割（转高割线）。实践证明，只要严格按照“一浅四不割”的制度去做，就可把条溃疡病和割面寒害减少到最低限度。

三、看树情割胶

看树情割胶是指根据品系特点或同一品系内不同植株的产量高低、胶乳的早凝或长流、干胶含量变化、病害等情况采取不同的割

法。橡胶树抽芽长叶时，需要消耗大量的养分和水分，减少了橡胶合成的原料来源，因此，此时应适当浅割、轻割。特别是每年开割的物候，更要严格掌握好。一定要在新叶片充分稳定之后一周左右才能开割。因为橡胶树体内所贮存的养料都用于了越冬御寒和枝叶生长，待新叶转为深绿稳定后，才有养料供橡胶合成之用。如果过早割胶，由于养分不足使胶叶变薄、卷曲、发黄，导致光合作用能力差，会影响全年的产量。

1. 根据品种和植株的特性确定割胶深度

不同品系在产量和性状方面有很大差异。低产树排胶性能差，深割不易出现长流，也不易死皮，因此适当深割才能提高产量。高产树排胶性能好，深割会导致被切断的乳管多，养分流失量大，容易出现营养亏损而死皮，因此应适当浅割，甚至在雨季低温期停割一刀次。而有些品系如 PR107、GT1 等，因乳管列比较靠近形成层，适当深割才能获得高产。热研 7-33-97 是从 RRIM600×PR107 杂交苗中选育成的三生代无性系，干胶含量较高，死皮率较低，不宜深割或浅割，割胶深度应适当。云研 77-2、云研 77-4 是从 GT1×PR107 亲本中选育成的，耐割、不长流，干胶含量高，可适当深割。

2. 根据流胶时间确定割胶方法

对流胶时间长的橡胶树要浅割，割线斜度小而较平缓，也可采取适当停割或间刀割的办法。对于高产而又长流的橡胶树，要特别注意加强施肥管理，降低割胶强度，控制割胶深度。对胶乳黏度较大或早凝的橡胶树，割胶斜度宜大些，以利于胶乳畅流，提高产量。此外，还要适当增施钾肥和水肥，进行胶杯加氨，以改善橡胶树的排胶性能和减少胶杯凝块。对树皮薄、树身有条沟、胶乳容易外流的橡胶树，宜用分段割，即先割割线下段、后割割线上段的方法，减少胶乳外流。

3. 根据干胶含量确定割胶方法

干胶含量是反映橡胶树产胶潜力的重要指标。一般来说，干胶含量和产量都高的橡胶树，表示产胶潜力大；干胶含量和产量均低的橡胶树，表示产胶潜力低。在产胶潜力大时，可加大割胶强度；在产胶潜力小时，应降低割胶强度、停割养树。通常认为干胶含量在 25%~32%为正常变化范围。当干胶含量达 32%及以上时，可适当刺激挖潜；当干胶含量降至 25%以下时，宜停割 1~2 刀养树恢复。根据试验，开割之后的前两个月实行强割，干胶含量会迅速下降到 26%以下，将会严重影响下半年产量和干胶含量的恢复。因此，芽接树刺激割胶，干胶含量在 9 月之前不宜低于 28%，10 月以后不宜低于 26%，并以此作为“警戒指标”。当低于“警戒指标”时，应采取降低割胶频率的办法割胶，如改 d/3 为 d/4 或 d/5，使休割期延长，有利于干胶含量的恢复。

4. 根据植株健康状况确定割胶强度

割胶强度是指割胶时所采用的割线条数、形式和长度，割胶频率和割胶期的总和。

对于出现反常排胶症状的橡胶树，要临时停割；出现死皮或在死皮预兆期、条溃疡病扩展期的橡胶树要停割，在稳定期的可继续割胶或停停割割。死皮树要经处理达到复割标准后，才能割胶。

对风、寒害等非正常橡胶树，应根据受害情况，待达到复割标准后再恢复割胶，并酌情调节割胶或刺激强度。

新开割林段应比老割胶林段开割时间晚，停割早。新开割胶林要浅割，且不应高于三天一刀的割胶强度。

5. 根据“保一促二”的情况确定不同的割胶方法

“保一”是指保证第一蓬叶长好，“促二”是指促进第二蓬叶生长。要做到“保一促二”，必须做到根据一年中橡胶树的产胶潜力的变化规律采取相应的割胶策略。开割时要稳住，要等第一蓬叶老化植株达70%以上才开割，开始割胶时要浅割。第二蓬叶抽芽前应适当施氮肥，抽第二蓬叶时，抽叶期间适当浅割。

6. 根据橡胶树皮厚薄确定刀法

(1) 用慢连刀、挑刀、随弯转刀。若橡胶树皮厚薄不均匀，遇到小条沟时宜用慢连刀通过；遇到中条沟时可用挑刀通过；遇到大条沟时，推刀采用一刀过弯的方法通过，即抓稳刀，使刀口沿着割面随弯转刀前进，中间不返刀。

（2）割稍正刀，防止乱刀。对橡胶树再生皮厚薄不均匀的树皮应割稍正刀。对伤瘤多、流胶又快的树，则采用分段割法，先割下半段，后割上半段，这样可以防止胶乳外流。如果割胶时行刀速度快而身体跟不上，就易出现将刀送到已经切过的位置上重切而产生碎片。避免碎片的方法是行刀时刀口要紧跟割面转，看准接刀口接刀，一刀一片皮，防止乱刀，不要做盲目的切片动作。

模块二　橡胶树土壤及植被管理

对橡胶树的管理主要是为了高产和稳产。管理得好的林段，橡胶树高产、稳产，病害少，树皮恢复快；管理得差的林段，产量低，病害多，树皮恢复慢。同时橡胶树行间管理得好与差，关系到橡胶园土壤肥力的提高或下降，对橡胶树的生长与产胶有长期的影响。

一、橡胶树土壤管理

深翻改土能使底土层疏松、熟化，为橡胶树根系发育创造“深厚、肥沃、疏松”的土壤环境。深翻改土最好是在橡胶树休眠落叶期之前和雨季末期进行，即在秋末冬初的 11 月至次年 1 月较为适宜。深翻深度取决于土壤性质、橡胶树年龄、施肥量与经济效果等。一般在足够的有机肥用量前提下，1 m 土层内，深翻越深对橡胶树的生长、产胶效果越好；但从经济效益角度衡量，深翻 40~60 cm 是适宜的。深翻改土主要在橡胶种植带（即梯田面上）进行，深翻改土的方法主要有带状深翻改土和局部扩穴改土两种。

二、橡胶树施肥管理

橡胶树开割后，施肥的目的不仅是为了使橡胶树继续长大、长粗，也是为了提高干胶产量，达到高产稳产的目的。由于割胶消耗养分，生长、开花、结果等也需要大量养分，要想达到高产稳产的目的，仅靠自然土壤中的养分是远远不能满足橡胶树需要的，应通过补充足够的养分来保证橡胶树的生长和产胶的需要。

1. 年施肥量

据研究，一般每年每株橡胶树要补充的养分相当于硫酸铵

1.3 kg 或尿素 0.7 kg、过磷酸钙 0.25 kg、氯化钾 0.3 kg 左右，才能满足橡胶树正常的生长和产胶。对使用化学刺激割胶的橡胶树须相应增加施肥量。一般每株施有机肥 20~50 kg 及氮、磷、钾混合的橡胶专用肥 1.5~2.0 kg。

2. 施肥时期

（1）在冬季停割时，结合林管、维修梯田和挖水肥沟等工作施有机肥和磷肥，以供橡胶树上半年或整年生长和产胶需要。坡地水肥沟一般靠梯田内侧挖掘，沟的长、宽、深分别为 100 cm、50 cm、40 cm，同时要做好水肥沟位置轮换规划。

（2）在每年早春前半月左右，趁毛毛雨天气施第一次化学肥料，施肥量要占全年施肥量的 50%。早春抽第一蓬叶时期橡胶树抽叶量占全年抽叶量的 60%~70%，因此肥料要在第一蓬叶抽叶前（2 月前后）施下，以保证第一蓬叶长好。

（3）在 6 月前后施第二次化学肥料，以促进第二蓬叶生长，施肥量占全年总肥量的 30%。这时期抽发第二蓬叶，橡胶树进入全年的产胶高峰期，产胶量大，消耗的养分也随之增大。

（4）在 8 月施第三次化学肥料，施肥量占全年施肥量的 20%。这时期仍继续割胶，还要补充养分，还要让橡胶树积累一些养分过冬。在 9 月可施一次钾肥，以增强橡胶树耐寒力。

3. 施肥注意问题

（1）有机肥要进行沟施和床施

沟施：将肥料施于离树基部 1. 5 ~ 2. 0 m 处的施肥沟，沟的长、宽、深分别为 100 cm、50 cm、40 cm。沟施法有保水保肥、促进肥料分解和改良土壤的作用，但会伤害树根，只宜在冬季进行。

床施：将肥料施于离树基部 1. 5 ~ 2. 0 m 的浅床，长 1. 5 ~ 2 m、宽 1 ~ 1. 5 m、深 0. 1 m 左右。这种施法动土少，伤根少，且能起到死覆盖及供肥的作用，全年均可以施。

（2）化学肥料要进行沟施和混施

沟施：尿素、硫酸铵等化肥应开沟施并马上盖土。尿素含氮量较高，每 100 g 尿素施撒的面积应不少于 0. 3 m^2，否则会造成烧根。

混施：过磷酸钙应与有机肥混施，尽量减少与土壤的接触面积，以避免磷被土壤固定。其他化肥如氯化钾等可以在除净草后撒施在土壤上，然后进行浅松土。也可以撒施在有机肥的上面，然后将有机肥翻到上面。

（3）深沟盖草培肥。在平缓地形的开割树林段，在离橡胶树约 2 m 的距离隔株挖长、宽、深为 2 m×0. 6 m×0. 5 m 的深沟。深沟盖草培肥最好在 10 月至次年 2 月期间挖沟、盖草。每年 11 月至次年 2 月，橡胶树停割后结合林管、维修梯田和挖水肥沟等工作施有机肥和磷肥。在株施 20~50 kg 有机肥的基础上施用氮、磷、钾混合的橡胶专用肥，用量为株施 1.5~2.0 kg。化学肥料分三次施用，第一次在第一蓬叶抽叶前（2 月前后）施肥，第二次在 6 月前后施肥，第三次在 8—9 月施肥。

三、成龄橡胶园植被管理（间作）

橡胶树成林后，即称为成龄橡胶园，此时林相比较荫蔽，可以间种一些耐阴性作物，形成多层结构。成龄橡胶园间作的作物种类主要有：如实行宽窄行种植，可以间种耐阴性作物，如咖啡、胡椒等；如实行单行种植，则只适宜种植耐阴性作物，如南板蓝根，株芽魔芋、益智、砂仁、巴戟、绞股蓝等。

模块三　橡胶树常见病虫害防治

一、白粉病

白粉病是橡胶树的主要病害之一，老叶不易感白粉病。嫩叶初感白粉病后叶片出现闪光的蜘蛛丝状菌丝，并向四周扩展，慢慢在病叶上出现白粉。白粉病菌可侵染橡胶嫩叶、嫩梢和花序，破坏组织正常生长，致使嫩叶皱缩、卷曲，严重时将导致落叶枯梢。橡胶树感染白粉病后会严重影响叶片光合作用，从而影响产胶量。

防治白粉病的药剂有硫磺粉、粉锈宁、腈菌唑、石硫合剂等，硫磺粉可用丰收-30 喷粉机喷洒，其他药剂用压缩喷雾机按比例兑水喷雾。稀释比例分别为：粉锈宁 1 500~2 000 倍，腈菌唑 2 000~2 500 倍，石硫合剂 300~500 倍。

二、炭疽病

炭疽病是橡胶树的主要病害之一，全年均可发生，但多在早春抽出第一蓬叶时流行。炭疽病侵染橡胶树嫩叶、嫩梢和果实。古铜色嫩叶染病后，在阴雨低温的天气条件下，会出现暗绿色、像开水烫过的无规则病斑。炭疽病斑扩展很快，有时在病斑边缘可见有黑色坏死线，病情严重时，叶尖叶缘变黑、扭曲，叶片很快凋萎脱落。淡绿色叶片染病后，病叶会出现一些近圆形或无规则的暗绿色或褐色病斑，病斑周围凸凹不平，叶片皱缩畸形，随着叶片的老化，病斑边缘变成褐色，中间显灰褐色，有时会穿孔。接近老化的叶片染病后，病斑凸出叶面，嫩梢和叶柄染病后，染病处显黑色小点或棱状黑色条斑。

防治橡胶树炭疽病的药剂很多，可用多菌灵 800 倍、百菌清 800 倍、福美双 1 000 倍、施保功 3 000 倍的比例兑水喷雾，但还是以选用抗病品种栽培为主要防治措施。

三、割面条溃疡病

条溃疡病是开割橡胶树主要的割面病害。发病初期，会在橡胶树新割面上出现一条或数条竖立的黑线，显栅栏状排列于割面上，病痕可深达皮层内部乃至木质部。随着病情的加重，黑线扩大为条状病斑，进而病部坏死，针刺病皮不流胶。低湿阴雨时，在新老割面上，甚至在原生皮上会出现水渍状病斑，在受害割面上常出现虫孔、蛀屑及小蠹虫，有时还伴有泪状流胶或渗出锈色液汁。在高温条件下，病部会长出白色霉层。

条溃疡病的防治措施主要以农业防治为主，辅之以化学防治。农业防治措施是加强橡胶园管理，保持通风透光，保持割面干净干燥，做好冬季安全割胶。在 10—12 月条溃疡病流行期，转割高割线，割面不干不割。可用乙锰 800 倍、甲霜灵 1 000 倍、杀毒矾 1 000 倍、多霉 2 000 倍比例兑水喷雾进行化学防治。

四、绯腐病

橡胶绯腐病主要为害橡胶树枝条及茎干，通常发生在树干的第二或第三分枝处。染病初期病部树皮表面出现蜘蛛状的银白色菌索，然后病部逐渐萎缩、下陷，显灰黑色爆裂后流胶，最后树皮腐烂显现出一层粉红色泥层状菌膜。一段时间后，粉红色菌膜变为灰白色，重病的枝干病皮腐烂，露出木质部。病部上部的枝条枯死，叶片枯萎但不易脱落。

绯腐病主要通过选用抗病品种进行防治。另外应加强橡胶园管理，雨季前砍除园中灌木、高草，疏通林带，增大通风透光度，降低橡胶园湿度。对于病部，可用利刀将病皮刮干净，然后将 1∶1 的沥青柴油合剂涂抹在伤口处，以促进伤口愈合。绯腐病可用 0.5%～1%的波尔多液防治，每 15 天喷一次，至病害停止扩展为止。

五、根病

根病是为害橡胶树根系的传染性病害，橡胶树根病有红根病、褐根病、紫根病。橡胶树感染根病后根系的吸收能力受到破坏，不能正常吸收养分和水分。橡胶树生长受阻表现为树冠稀疏，叶片变黄无光泽甚至卷缩落叶，枯枝多，顶部叶片变小，蓬距缩短。感染红根病、褐根病的橡胶树根部表皮粘着一层泥沙，不易脱落，病根腐烂发出蘑菇味。

三种病害的区别如下。

红根病：洗净病根后可见枣红色菌膜，病根木质部腐烂初期坚硬，显淡褐色，后期湿腐、松软似海绵状，显黄色。病根的皮部和本质部之间有一层淡黄色“腐竹状”菌膜。

褐根病：病根木质部表面显褐色，有“之”字线纹，菌丝形成蜂窝状，木质硬而脆。

紫根病：病根表皮显紫色，不粘泥沙，有密集的紫色菌索覆盖。死亡病根表皮有紫黑色小颗粒，病树基部或露出地面的侧根长出紫色、松软的海绵状菌体。

根病的防治方法：围绕橡胶树基部挖 20 cm×20 cm 宽的浅园沟，用十三吗啉兑水配成 700~800 倍的药液进行淋灌。每株树淋灌 2 kg 药液，每 6 个月淋一次。重病树用十三吗啉兑水配成 100 倍的药液涂抹病部，控制病部扩展。

六、虫害

橡胶树的害虫主要有蟋蟀、蝼蛄、六点始叶螨、小蠹虫、橡胶树蚧壳虫等。

1. 蟋蟀

蟋蟀为害橡胶树的症状是咬断幼苗基部，或爬到树身 1 m 高左右茎干处，咬断幼苗或咬断顶梢侧梢。

防治方法：清除橡胶园杂草堆，破坏蟋蟀生活场所；用巴丹或万灵粉 300~1 000 倍混合米糠或饼干制成毒饵诱杀。

2. 蝼蛄

蝼蛄为害橡胶树的症状是咬断幼苗嫩茎，将根部咬成纤维状。

防治方法：蝼蛄的趋光性很强，可在晚上用灯光诱杀。蝼蛄活动于地下，每亩可用辛硫磷 0.25 kg 制成毒土撒施在橡胶园中或用辛硫磷 600 倍兑水喷雾于橡胶园土面上。

3. 六点始叶螨

六点始叶螨主要为害橡胶树叶片，吸取叶片汁液，使叶片呈现黄色斑块，严重时可使全叶枯黄脱落。受害部位常出现凹陷状，并盖有稀疏的丝网和白色的脱皮壳。

防治方法：在新叶刚老化时用三氯杀螨醇 1 000~1 500 倍和阿维菌素 3 000 倍兑水喷雾。

4. 小蠹虫

小蠹虫在健康的橡胶树上是无法通过皮层进入木质部的，只有在衰老、伤病等失去排胶机能的部位才会钻蛀。

防治方法：发现小蠹虫蛀洞时，应结合伤树处理，用具有熏蒸作用的敌敌畏 200~300 倍兑水喷雾。

5. 橡胶树蚧壳虫

橡胶树蚧壳虫属同翅目蜡蚧科。该虫是橡胶树病虫害中传播快、危害性大的一种害虫。橡胶树蚧壳虫以刺吸式口器吸食橡胶树幼嫩部位的绿色汁液，导致枝梢干枯、叶片枯黄甚至整株死亡，并可诱发煤烟病的大量发生。

防治方法：用 15%的毒死蜱烟雾剂，每隔 4~5 天喷 1 次药，连续喷 3 次；或者用 18%氧化乐果乳油水剂，每隔 7~10 天喷 1 次药，连续喷 2~3 次。

模块四　橡胶树越冬割面处理

我国植胶区冬季常有低温，橡胶树割面常遭受寒害，直接影响了下一年的产量。因此需要涂封割面，使割面能够防寒，保护橡胶树再生产能力。在生产上使用的涂封剂主要有以下几种：第一种是将植物油（橡胶树种子油、油棕油、蓖麻油）、蜡（石蜡、蜂蜡）和松香按一定比例混合涂施。它需要加热熔化冷却后才能使用，但冷却后又易重新凝固，因此经常是边加热边涂施，这样容易烫伤树皮，使用不方便且成本高。第二种是工业用凡士林。它含有一定浓度的有机酸，对树皮有不良影响。第三种是黄泥拌牛粪。它具有成本低、取材方便的优点，但用这种方法涂封的割面雨后不容易干，易使树皮染病，且防寒的效果也不理想。而在次年割胶时，涂封的泥沙易使胶刀受损，因此此方法并不受欢迎。

近年来，科研单位推广的橡胶树割面保护剂主要有以下几种。

一、橡胶树多效割面保护剂

橡胶树多效割面保护剂由植物油、凡士林、胶结剂、营养物质和杀菌剂等配制而成。与常规涂封材料相比，它具有防寒防病效果好，促进再生皮生长和翌年初期产量的提高、促进死皮恢复和使用方便等优点。橡胶树多效割面保护剂应在冬季停割时将药品均匀地涂在最近 2~3 个月新割的割面上，每株 6~10 g。涂封后在割面上形成一层薄膜，不易被雨水冲掉。它有以下作用：

（1）防寒。比常规凡士林、油剂，橡胶树多效割面保护剂可减少割面爆胶 5~10 个百分点，比黄泥牛粪减少割面爆胶 2.5~5 个百分点。

（2）防病。可预防条溃疡等割面病害。

（3）促进死皮恢复，死皮恢复率比油剂大 20%。

（4）促进再生皮生长，概率比一般涂封剂大 25%～30%。

（5）对次年开割时的产量具有一定的促进作用，可将前十刀的产量提高 8%。

（6）使用方便，不会损坏胶刀。

二、割面涂封剂

割面涂封剂是根据橡胶树的抗寒机理而研制的，由防寒剂和植物营养物质等配制而成。割面涂封剂在冬季停割后 5 天左右，用毛刷将药品均匀地涂施在割线和新割面上（宽约 5 cm，注意下刀、收刀处要涂到位）。每株用量：单阳线 4～5 g，阴阳线 6～7 g（实际用量可根据树围大小增减）。割面涂封剂可用于橡胶树冬季停割后的割面防寒，在割面上涂用后能形成一层透气而不透水的薄膜，且不会被雨水冲掉。主要作用有：

1. 防寒

爆胶点比凡士林油剂减少 74.3%，比棕油+石蜡+松香减少 37.9%。

2. 防病

可减少条溃疡等割面病害。

3. 为新割面增加营养，促进再生皮生长

据次年开割时测定，其再生皮生长比使用一般涂封剂快30%左右。且次年开割时干皮薄，且麻面光滑不爆皮，割线平整不崩口，木栓皮下呈青绿色。

4. 可提高次年开割时的产量

使用此方法可使前十刀的产量约增加8%。

三、割面封口剂

割面封口剂是根据橡胶树的抗寒割胶生理特点配制的，为油性软膏形态，松软有流动性。使用时每株用量5 g（阴阳刀每株7 g），直接涂于割线与新割面（宽约4 cm）上。

割面封口剂的优点有：油性物质和抗寒物质成分含量提高；割面滋润保湿时间长，割线不易回枯；不需要经熔煮即可直接涂刷使用；对死皮的防治有一定效果，第二年开割的产量比较稳定；易于分发和运输。

模块五　橡胶树死皮病防治

橡胶树死皮病是指由于生理或病理的原因，橡胶树割线局部或全部丧失产胶机能的病变，主要有褐皮病死皮和非褐皮病死皮两大类。

一、发病症状

褐皮病死皮的特点是病部有褐斑。褐斑又有外褐斑型、内褐斑型和稳定型褐皮三种。外褐斑型属慢性扩展型褐皮病，发病初期在割线中段出现灰暗色，继而在割线的黄皮至砂皮部位产生褐斑，外皮与内皮逐渐干枯，而刺检水囊皮仍有胶乳；坏死的病灶会缓慢地向黄皮、割口下方和两侧扩展，镜检可见黄皮外层和砂皮内层乳管坏死。内褐斑型的特征是初期排胶快，水囊皮变褐色、水渍状，继而乳管由内往外枯死，水囊皮与黄皮均有褐斑。稳定型褐皮特征是褐斑后期不再发展，病灶稳定，界线清楚，死皮最后干枯脱落，新生皮无褐斑，恢复排胶能力。

非褐皮病死皮分两类：

(1) 轻度营养亏缺型死皮主要是由于强度割胶、排胶过度引起的。特征是：发病初期出现长流胶，水与胶分离或胶乳反常变稠。以后割线局部不排胶，树皮变成暗褐色。

(2) 运输障碍型局部死皮其特征是排胶线由外往内缩，深割时水囊皮有胶，粗看树皮光泽正常，细看可见近水囊皮外有一条暗红线，病情严重时会往下扩展。

二、防治技术

对橡胶树死皮病的防治要注意以下技术措施：

(1) 处理好管、养、割三者关系，实行科学割胶，避免强割胶和雨水冲胶，做到割胶与养树相结合。及时处理橡胶树的根病、木龟、木榴。预防风害和寒害伤皮，适当增施肥料促进橡胶树正常生长。

(2) 对于那些运输障碍局部死皮，需要适当浅割和割厚皮、割掉吊颈皮，使橡胶树迅速恢复正常排胶。

(3) 对褐皮病病死皮应采取如下方法对症施治。

1) 对中、轻褐皮病死皮可用 0.1% 的四环素或者青霉素注射 2 L/株。

2) 对严重褐皮病死皮，应进行手术处理。处理方法一般分为三种：

一是刨皮法。即选择晴天时用弯刀刨去病部粗皮，然后用鸟刨刨至砂皮内层，为了使未刨净的病斑自行脱落，可用0.5%的硼酸涂抹伤口。数天后要及时拔除凝胶以防积水。

二是剥皮法。即在离病灶范围5~7 cm处，用胶刀开一支水线，深度到水囊皮，然后用尖刀把病皮从形成层以外剥掉，但不可碰伤形成层。长出新皮后就可恢复割胶。需要注意的是：此方法宜在4—7月间择晴天进行，树皮才易恢复。

三是开隔离沟法。在病部和健部之间，从健部下刀，用利刀开一条沟，使病部和健部隔离，避免病情扩展。

模块六　受害橡胶树复割

一、寒害橡胶树的处理

寒害橡胶树的处理主要是指对寒害橡胶树进行防虫蛀、防腐烂及树体处理，使其尽快恢复生长。

1. 寒害橡胶树处理原则和要求

应采取养、防、治三结合的综合处理措施适时适当处理寒害橡胶树。“养”是指降低割胶强度和加强灾后的水肥管理；“防”是指防止小蠹虫为害和防伤口暴露的木质部腐烂；“治”是指治理伤口，促进愈合。适时是指处理不宜太早或太迟。橡胶树遭冻伤后，枝条或茎干干枯要在一段时间后才会出现，并且会有一段回枯发展的时间。因此，太早处理则可能会处理得不彻底，小蠹虫会侵入新干枯部分，太迟处理小蠹虫会大量侵入。适当是指在治理时应避免人为扩大伤害面积，避免大量流胶，采取有利于伤口愈合和恢复生长、产胶的措施，高效、省工、低成本地进行处理。

寒害橡胶树处理工作在安排上应为：先轻后重，先易后难，先开割树后中小苗，先割胶部位后树冠，先割面后树干。

2. 处理时间

处理的时间一般在灾后新抽第一蓬叶稳定以后，气温已稳定回升，受害症状稳定，干枯边界分明之时为好。同时为避免遭遇倒春寒，须确定气温不再大幅下降后再做处理，但应在雨季来临前处理完毕。另外，割面寒害则应视情况在寒害发生后及时处理。

3. 寒害橡胶树的处理

寒害橡胶树的处理主要是进行防虫蛀和树体处理。

（1）防虫蛀工作应在橡胶树出现寒害症状之后抓紧进行。使用杀虫剂涂在寒害部位。

（2）树体处理应待越冬气温回升稳定后进行，在雨季来临前处理完毕。

1）对主干干枯及枝叶干枯的橡胶树，应待干枯界线分明后，用处理风断树干的方法处理。

2）对外皮枯死、形成层未受害仍可分生韧皮细胞的橡胶树，可不必处理，干死的外皮会自行脱落。

3）对树皮爆皮流胶的橡胶树，应根据爆胶伤口的大小酌情处理。爆胶口宽度小于 5 cm 的，不需要处理，只需将凝胶块拨出即可；爆胶口宽度在 5～10 cm 的，应拨出凝胶块，修去坏皮，用凡士林涂封活皮边缘；爆胶口宽度在 10 cm 以上的（多由两个或多个爆胶口相邻造成），应拨出凝胶块，修去坏皮，并注意保护各爆胶口之间仍然存活的形成层，使用加入防虫剂的沥青涂封。

4）对整个割面受害导致干枯的橡胶树，应先将干枯树皮刮除，刮净木质部表面的坏死组织，拨出胶线、胶膜，然后用凡士林或 1：1 的橡胶种子油、松香合剂涂封活皮边缘，用沥青或 1：1：0.4 的沥青、废机油、松香合剂涂封木质部。

5）对烂脚的橡胶树，烂皮宽度在 5 cm 以下的可不进行处理；烂皮宽度在 5 cm 以上的应首先清除坏皮及凝胶，然后用 1：1～1：1.5 的沥青、柴油混合剂涂封木质部；如果烂皮达树围 1/2 以上，除需按照以上方法处理外，还可采用“植根法”（在坏死部位的上方接抗寒实生苗桩）进行挽救。

6）对树干溃烂成洞穴的橡胶树，要及时排除积水，剔尽朽木，随即进行消毒补洞。

（3）在对寒害树进行处理时应注意：部分爆胶型受害树的爆胶口木质部发黑，并有黑色细条纹向纵向延伸，这是一些受冻害的细胞，不能按处理条溃疡病追黑线的方法进行处理，以免人为扩大伤口，加重橡胶树受害，并浪费人工和涂封材料。

4. 寒害橡胶树复割

加强寒害橡胶园的抚管和水肥管理，充分保证受害树的水分和养分需要，这对恢复受害植株生势，提高产胶潜力具有重要作用。受害橡胶园如能切实做好管理工作，施足肥料，抗旱淋水，做好死覆盖，不仅能使植株很快恢复生机，而且可获得应有的产量。加强寒害橡胶园的抚育管理，还应包括适时适度复割。复割初期适当降低割胶强度，运用产胶动态分析指导割胶，使受害橡胶树在恢复创伤的同时又可进行生产。

橡胶树冠寒害1~2级（见表4—1）应于第一蓬叶老化后复割；寒害3级应于第二蓬叶老化后复割；寒害4~5级应于形成一定树冠后复割；茎干干枯、烂脚的寒害树应待寒害稳定后，病灶周围开始

表 4—1　　橡胶树寒害标准

级别	未分枝胶苗	已分枝橡胶树	主干树皮坏死	茎基树皮坏死
0	不受害	不受害	不受害	不受害
1	顶芽枯，茎干枯不到 1/3	树冠受害不到 1/3	受害宽度小于 5 cm	受害宽度小于 5 cm
2	茎干枯达 1/3~2/3	树冠受害达 1/3~2/3	受害宽度占全树周 2/6	受害宽度占全树周 2/6
3	茎干枯达 2/3 以上，但接穗尚活	树冠受害达 2/3 以上	受害宽度占全树周 3/6	受害宽度占全树周 3/6
4	接穗全部枯死	树冠全部受害，主干枯至 1 m 以上	受害宽度占全树周 4/6 或虽超过 4/6，但离地 1 m 以上	受害宽度占全树周 4/6
5		主干枯至 1 m 以下	受害宽度占全树周 5/6，离地 1 m 以下	受害宽度占全树周 5/6
6		接穗全部枯死	受害宽度占全树周 5/6 以上直至环枯，离地 1 m 以下	受害宽度占全树周 5/6 以上直至环枯

出现愈伤组织，在对病灶进行防虫防腐处理后进行复割。

二、风害橡胶树的处理

1. 可放弃处理的橡胶园和橡胶树

（1）可考虑放弃处理的开割橡胶园有如下情况：近年亩产干胶 60 kg 以下，本次风害导致断主干在 2 m 以下和全倒树共达 20% 以上的；多年累积风害导致断主干 2 m 以下和全倒树共达 60%以上的。

（2）遇下列情况的风害橡胶树可作废树处理：严重病根树；断裂口下方无分枝又无原生皮；断裂口下方两面死皮；断裂至芽接结合点或根茎交界处；有较多木龟木瘤或长期丧失产胶能力的；割龄在 16 年以上，断主干在 2 m 以下或全倒的；低产实生树；在郁闭度大的林段中，少数断主干或全倒的风害树由于受周围植株的荫蔽，很难恢复的。

2. 其他应处理的橡胶树

（1）处理时间。因风断干或全倒的橡胶树，均应尽快处理，处理时间越早越好。全倒树力争在全倒后 7 天内完成，过晚处理会将暴露在地面上的根系和向阳的树皮晒干，不但种植难于成活，成活之后也会因一边树皮的死亡而难以割胶。断干树的处理虽可稍晚一些，但也应抢在新芽萌发之前完成，如在抽芽以后锯干，就会将大部分最茁壮的芽条或将全部芽条锯掉，耗费了断干部分的养分和损失了部分适宜的芽眼，使以后抽生的芽条生势衰弱，部位也不适宜。此外，抽芽以后锯干也不方便。具体安排时，可按受害情况及立地环境确定先后顺序。对全倒树的处理，原则上先芽接树，后实生树；先高产树，后低产树；先开割树，后中幼树；先郁闭度小的林段，后郁闭度大的林段。对断干树的处理则可先低后高，即先处理低部位断干树，高部位断干树可放后一步。这是由于低部位断干树的留芽特别重要且操作较方便的缘故。

（2）处理方法

1）全倒树的处理方法。在橡胶树的原植穴上，将植穴中的残根、杂物、污泥挖出，并适当加深扩大；将断裂的主根和侧根斜切修平，侧根留长 30~50 cm，用杀菌剂消毒；主干保留 2.5~3.0 m 高，若有分枝则留约 50 cm 长的分枝；用绳拉或支撑办法，将倒树扶正，用新土压实，并加树杈支撑；盖草和淋水。

对于来不及处理的树，可先锯掉枝条，并用其遮盖树干和暴露的树根，以减少树体水分蒸发，稍后再扶正。

2）半倒树的处理方法。对于半倒开割树一般不予扶正，只需用土填好风摇造成的树头空洞。对于半倒中小苗，应尽量扶正，但以不拉断其他树根为准。扶正后必须用树杈撑住，然后用新土填实树头。

3）断干树的处理方法。断干树不论高低，只要保留有原生皮的，都能萌发新芽，重新形成树冠或长成新株。故需及时、正确地加以处理，切不可放置不管，任其自生自灭，甚至视为“残桩”强行将它割死，这一点在风害严重的地区尤其应注意。

（3）断干树的处理必须因树因地制宜，具体注意下述几个环节：

1）锯干高度主要视断干高度而定。原则上，1 m 以上的断干树因树干基本上可以满足轮换割面的需要，无须重新培养主干。因此，可采取裂到哪里锯到哪里的做法，使新的树冠较快形成。1 m 以下的断干树也可以采取裂到哪里锯到哪里的做法，以充分利用残存主干进行割胶，但有割面不直的缺点。另外，如愈合不好，也易再次遭受风害。

2）锯口方向视留芽方向而定，一般与留芽方向相反。台风严重地区，为减少风害，留芽多面向台风主风方向；山坡地带，则多面向梯田内壁，以避免在梯田上行走时碰坏芽条。因此，锯口方向在平地和缓坡地多背向主风方向，坡地则应面向梯田外壁。

3）锯口斜度大小与锯干操作和伤口愈合速度有关。过平，虽操作较易，但排水不良，容易引起腐烂，使切口难以愈合。过斜，不仅操作不便，且因伤口面过大，愈合较困难。一般认为锯口斜度以30°左右比较适宜。

4）锯干以后，为避免雨水渗入和病虫危害，伤口须用沥青或沙浆（1 份水泥配 3 份细沙）或新鲜牛粪加黄泥涂封。

5）锯干后萌发的第一批芽，生势茁壮，着生部位亦较适宜。损害后再次萌发的芽，生势减弱，有时树桩甚至不再萌发而枯死。因此，留好第一批芽是做好断干树处理的关键。

留芽条数因断干高度而异。分枝以上的高部位断干树，原则上抽多少留多少；断干 1 m 以上的炮筒树，可选留 3~4 条部位适宜的芽条，以重新培养树冠；断干 1 m 以下的幼树，则最终选留一条芽条，以培养成新生主干。为保证留芽的质量和防止损失，留芽不宜一次完成，应分 2~3 次进行留芽、定芽。第一次留芽主要是保留着生部位适宜的、离锯口 10 cm 左右的芽，只要着生部位适宜，留芽条数可以不限；当新芽第一蓬叶由古铜至淡绿色时，对培养树冠的新芽需进行定芽，即选留 3~4 条分布匀称的壮芽，其余的全部除去。对培养新主干的，则需要多次留芽，每株选留两条对生的壮芽。待新芽 3~4 蓬叶稳定，木栓化高度 20~30 cm 时，才最后选定一条壮芽。在定芽时留一条壮芽，而将另一条砍顶或削叶，以减弱其生势，以后常加处理，使它弱而不死。这样做的好处是可以减少残桩部分的回枯高度，有利切口愈合，同时和单芽条比较，生长量上的差别较小。

（4）处理后的管理。断干和全倒的橡胶树，不论采用哪种处理方法，都需加强抚育管理，以保证植株较快生根、抽芽和成活，使芽条茁壮成长。管理的主要内容是：

1）控萌除草。控萌除草是保证林段不荒芜，减少杂草同受害橡胶树竞争水分、养分和阳光必不可少的措施，须切实抓好。控萌除草次数视地区和杂草生产情况而定，如在杂草繁生的地区，每年以不少于4次为宜，杂草繁生会严重影响残干的抽芽和芽条的生长。

2）淋水盖草。倒树重种后，为保持植穴土壤湿润，减少日晒树皮，通常需要在植穴上盖上树叶、杂草，以减少土壤水分蒸发，树干上则可挂上带叶的树枝，避免太阳晒坏树皮。重种后至第二年雨季开始前，如遇干旱，还需要及时淋水，抗旱保树。

3）预防病虫和牛兽为害。从断干或全倒树上萌发的新芽，其组织幼嫩、抗病能力较差，加上林中比较荫蔽，空气湿度较大，因此经常有白粉病、炭疽病等病害发生，在风害率低的林段尤其严重。因此要及时做好病害防治工作，保证幼苗健壮成长。牛兽害是新芽成长的最大威胁，必须发动群众，严格管好牛群。风害严重的林段，可进行大围（即大面积设置围栏隔离），风害较轻的林段可进行单株小围（即小面积设置围栏隔离）或在新株上缚上刺竹等有刺的东西。牛害严重的地方还需派专人看管。

4）处理残桩。重新培养主干的树，残桩过长的，可在新芽抽发约一年后，待新芽着生部位的愈伤组织隆起时，沿稍高于愈伤组织的地方锯去残茎。然后用宽口锉锉去高于愈伤组织的朽木，并进行涂封。涂封要厚一些，并每年复涂一次。如残茎已腐烂成洞的，先按上法锯齐残茎，彻底挖尽烂洞的朽木，然后用三合土填充捣实，再刷一层薄水泥，以防雨水渗人。

5）受害树的复割。叶子大部分破损和部分小枝条折断的橡胶树，应于风害一星期后才能恢复割胶，切忌在风后三天内抢割所谓的“高产刀”，否则会加重对橡胶树的伤害。各类断干树的复割时间，要根据地区环境、受害程度以及受害后的抚育管理情况而定。一般以橡胶树的根系和树冠生长基本正常为原则。分枝以上断干的，以停割半年左右，新梢 3~4 蓬叶稳定时复割较好；重新培养树冠的炮筒树，以停割 1~2 年，树冠基本形成时较为适宜。倒树重种的因根系和树冠恢复需要的时间较长，一般宜在 2~3 年后复割为好。复割后的橡胶树，应认真注意养树，要根据树的情况，适当降低割胶强度，或采取停停割割的措施，并加强施肥管理。

培训大纲建议

<table>
<tr><th>培训内容</th><th>理论知识课时</th><th>操作技能课时</th><th>总课时</th><th>培训建议</th></tr>
<tr><td>第 1 单元　橡胶树割胶工职业认知</td><td>2</td><td>0</td><td>2</td><td>重点：职业道德的基本要求；安全生产知识
难点：如何按照橡胶树割胶工的基本素质和职责要求自己
建议：将职业道德、职业安全的基本要求结合实例讲解为佳，运用启发式和讨论式教学</td></tr>
<tr><td>第 2 单元　割胶基础知识</td><td>4</td><td>2</td><td>6</td><td rowspan="3">重点：橡胶树生长特性、橡胶树茎干树皮组织结构及特性
难点：橡胶树皮组织结构特性及产排胶特性
建议：教师示范规范性操作，学员可两人一组，互相练习、评议。理论教学运用启发式和讨论式教学</td></tr>
<tr><td>模块一　橡胶树生长基本规律</td><td>2</td><td>2</td><td>4</td></tr>
<tr><td>模块二　橡胶树产胶、排胶基本知识</td><td>2</td><td>0</td><td>2</td></tr>
<tr><td>第 3 单元　割胶操作技能</td><td>12</td><td>46</td><td>58</td><td rowspan="7">重点：割胶规划原则、磨胶刀技术
难点：橡胶树开割规划、割面及树皮利用规划、割胶技术指标控制及橡胶刺激剂的合理使用
建议：先由教师示范规范性操作，学员可两人一组，互相练习、评议</td></tr>
<tr><td>模块一　割胶规划及割胶准备工作</td><td>2</td><td>4</td><td>6</td></tr>
<tr><td>模块二　磨胶刀技术</td><td>2</td><td>7</td><td>9</td></tr>
<tr><td>模块三　割胶操作技术</td><td>6</td><td>30</td><td>36</td></tr>
<tr><td>模块四　乙烯利刺激剂的使用</td><td>1</td><td>2</td><td>3</td></tr>
<tr><td>模块五　收胶作业</td><td>0</td><td>1</td><td>1</td></tr>
<tr><td>模块六　新割胶技术的利用</td><td>1</td><td>2</td><td>3</td></tr>
</table>

续表

培训内容		理论知识课时	操作技能课时	总课时	培训建议
第 4 单元	**开割橡胶树养护管理**	**4**	**8**	**12**	**重点**：橡胶树施肥管理及病虫害防治 **难点**：结合季节、物候、树情合理进行割胶安排，预防及防治死皮 **建议**：先由教师示范规范性操作，学员可两人一组，互相练习、评议
模块一	养树割胶	1	1	2	
模块二	橡胶树土壤及植被管理	0	2	2	
模块三	橡胶树常见病虫害防治	1	2	4	
模块四	橡胶树越冬割面处理	0	1	1	
模块五	橡胶树死皮病防治	1	1	2	
模块六	受害橡胶树复割	1	1	2	
合计		22	56	78